“十二五”高职高专教育精品规划教材·土建类

土木工程制图习题集

（第2版）

主　编　张　静　刘雁宁　刘志红
副主编　高树峰　梁利生　雷忠兴　赵晓丽
主　审　薛奕忠　王　虹

北京理工大学出版社
BEIJING INSTITUTE OF TECHNOLOGY PRESS

内 容 提 要

本习题集与张静、鲁桂琴、高树峰主编的《土木工程制图》（第2版）配套使用，在习题的选取上，既注重巩固学生的土木工程制图理论知识，又注重巩固学生的工程制图基本技能和专业技能。本习题集共分12章，章节安排及编写顺序与配套教材一致。此外，书中还附有综合练习，可方便学生检验学习效果。

本习题集既可作为高职高专院校土建类相关专业的教材，也可供土木工程相关技术人员学习参考。

图书在版编目（CIP）数据

土木工程制图习题集/张静，刘雁宁，刘志红主编.—2版.—北京：北京理工大学出版社，2013.8 (2017.8重印)

ISBN 978-7-5640-8287-1

Ⅰ.①土… Ⅱ.①张… ②刘… ③刘… Ⅲ.①土木工程－建筑制图－高等学校－习题集 Ⅳ.①TU204-44

中国版本图书馆CIP数据核字(2013)第200269号

出版发行／北京理工大学出版社有限责任公司
社　　址／北京市海淀区中关村南大街5号
邮　　编／100081
电　　话／(010)68914775(总编室)
(010)82562903(教材售后服务热线)
(010)68948351(其他图书服务热线)
网　　址／http://www.bitpress.com.cn
经　　销／全国各地新华书店
印　　刷／北京紫瑞利印刷有限公司
开　　本／787毫米×1092毫米　1/16
印　　张／15
字　　数／162千字
版　　次／2013年8月第2版　2017年8月第2次印刷
定　　价／38.00元

责任编辑／杨　倩
责任校对／杨　露
责任印制／边心超

第2版前言

本习题集第1版自出版发行以来，对学生了解和掌握工程制图的基本知识，熟悉工程制图的国家标准和行业标准，正确使用绘图工具和仪器，掌握基本绘图技能，均起到了很好的辅助作用。随着国家对建筑工程相关制图标准的修订、颁布与实施，加之与本习题集配套使用的教材《土木工程制图》也已根据最新制图标准进行了必要的修改与补充，本习题集第1版的部分内容已不能满足当前高职高专院校土建工程相关专业教学的需要，为此我们对本习题集的内容进行了修订。

修订后的习题集与张静、鲁桂琴、高树峰主编的教材《土木工程制图》（第2版）配套使用，其编排顺序与教材相同。本习题集的修订秉承第1版的编写主旨，以“必需、够用”为原则。修订时根据各高职高专院校使用者的建议，结合近年来高等职业教育教学改革的动态及国家最新建筑工程制图标准，对书中习题进行了必要的补充与修改，进一步强化了习题集的实用性和可操作性。与第1版相同，第2版习题集也要求学生解答习题时必须按投影的基础理论和制图标准的相关要求进行，且由于习题集中没有涉及计算机绘图部分，为使学生在掌握土木工程制图课程基础理论知识的同时，进一步提高专业绘图能力，所有习题均需学生手绘完成。

本习题集修订后能使高职高专院校土建类相关专业学生更好地了解工程投影的基本原理和作图方法，掌握常用绘图工具的操作技术，从而具备工程施工图绘制与阅读的基本能力。本习题集由张静、刘雁宁、刘志红担任主编，高树峰、梁利生、雷忠兴、赵晓丽担任副主编，薛奕忠、王虹主审。本习题集在修订过程中，参阅了国内同行多部著作，部分高职高专院校老师提出了很多宝贵意见，在此表示衷心的感谢！对于参与本教材第1版编写但未参与本次修订的老师、专家和学者，本版习题集所有编写人员向你们表示敬意，感谢你们对高等职业教育改革做出的不懈努力，希望你们对本习题集保持持续关注并多提宝贵意见。

限于编者的学识及专业水平和实践经验，修订后的习题集中仍难免有疏漏或不妥之处，恳请广大读者指正。

编　者

第1版前言

土木工程图样是重要的技术文件，是施工和制造的依据。无论是工程设计人员、施工人员还是管理人员都必须掌握一定的投影原理及工程制图的基本知识。根据高等职业教育土建类专业教育标准、培养方案及主干课程教学大纲的要求，学生通过“土木工程制图”课程的学习必须了解和掌握工程制图的基本知识，熟悉工程制图的国家标准和行业标准，正确使用绘图工具和仪器，掌握基本的绘图技能。为满足高职高专院校土建学科相关专业教学的需要，我们组织编写了本习题集。本习题集与薛奕忠、王虹、高树峰主编的教材《土木工程制图》配套使用，其编排顺序与教材相同。

本习题集以“必需、够用”为原则，依据《房屋建筑制图统一标准》（GB/T 50001—2001）及有关专业制图标准进行编写，要求学生解答习题时也必须按投影的基础理论和制图标准的相关要求进行。本习题集中没有涉及计算机绘图部分，为使学生在掌握土木工程制图课程基础理论知识的同时，进一步提高专业绘图能力，所有习题均需学生手绘完成。学生通过本习题集的学习与解答，应具备以下能力：

1．能够正确运用正投影、轴测投影的基本原理和作图方法。

2．掌握常用绘图工具的操作技能；具备绘制和阅读投影图的基本能力；了解尺寸标注的基本方法。

3．了解、熟悉土木工程制图有关国家标准及其他有关标准和规定。

4．初步掌握房屋建筑工程、安装工程和装饰装修工程施工、结构施工图样的表达方式和阅读方法。

5．能正确阅读建筑工程图纸；具备绘制简单土木工程图样的能力，并符合国家相关制图标准。

本习题集由王虹、刘雁宁、常玲玲主编，刘文华、高树峰、吉晓明副主编。本习题集在编写过程中，参阅了国内同行多部著作，在此表示衷心的感谢！由于编者的专业水平和实践经验有限，书中难免有疏漏或不妥之处，恳请广大读者批评指正。

编　者

目　录

1—1 工程字体练习。要求：书写汉字应横平竖直，注意起落，结构匀称，填满方格。

土木工程建筑制图识图设备安装书写计施院审

学校姓名学号结构梁板钢筋混凝土监理核专业

饰尺寸注比例数字物面量线体各厂业平助法区

1—2 工程字体练习。

A B C D E F G H I J K L M N O P Q R S T U V W X Y Z

a b c d e f g h i j k l m n o p q r s t u v w x y z

1 2 3 4 5 6 7 8 9 0

1—3　线型练习，在空白处绘出以下线型和图形。

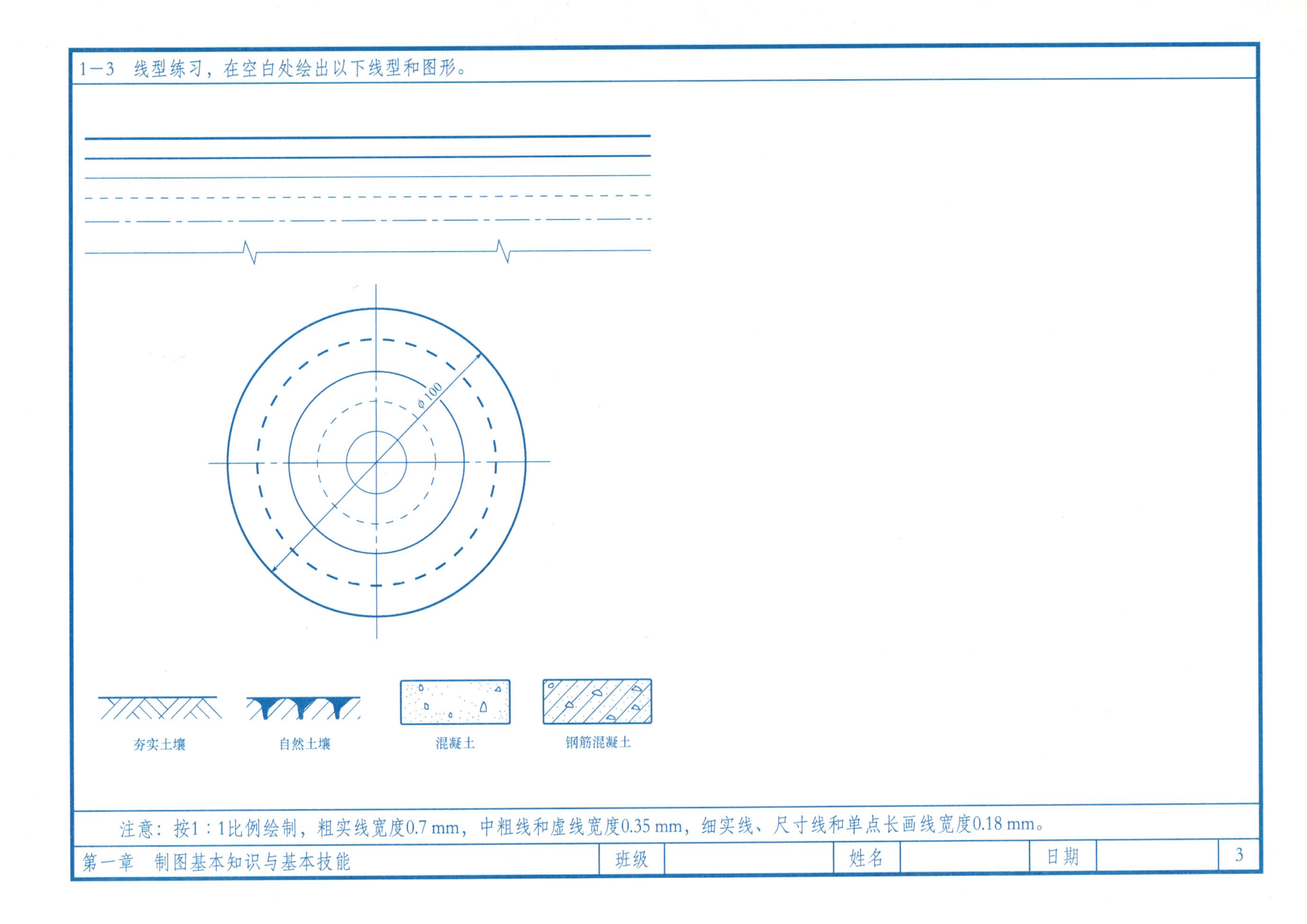

注意：按1∶1比例绘制，粗实线宽度0.7 mm，中粗线和虚线宽度0.35 mm，细实线、尺寸线和单点长画线宽度0.18 mm。

1—4 几何作图。

一、内容

绘制不同连接形式的几何图案。

二、要求

(1) 用1∶1的比例，在幅面为A3的图纸上，抄绘所给出的图形，并标注尺寸，题名为“几何作图”。

(2) 线型分明、图线均匀、线段之间的连接光滑准确。

(3) 标题栏中的“几何作图”用10号字，校名用7号字，其余用5号字，先打好格子再书写。

三、作业指导

(1) 布图时，要先找出各图形的对称线、中心线、基线。

(2) 左上图是上下对称，应先画水平线。

(3) 右上图是左右对称，上部三个长圆套环尺寸完全相同，画图时应用30° 定出基线；下部三个菱形，需画出一条水平基线。

(4) 左下图只有一条竖直对称线，画图时应先画出圆心。

(5) 加深时注意先画曲线，后画直线。

(6) 建议采用下图所示的图标格式，图标中汉字需按规定字号写。

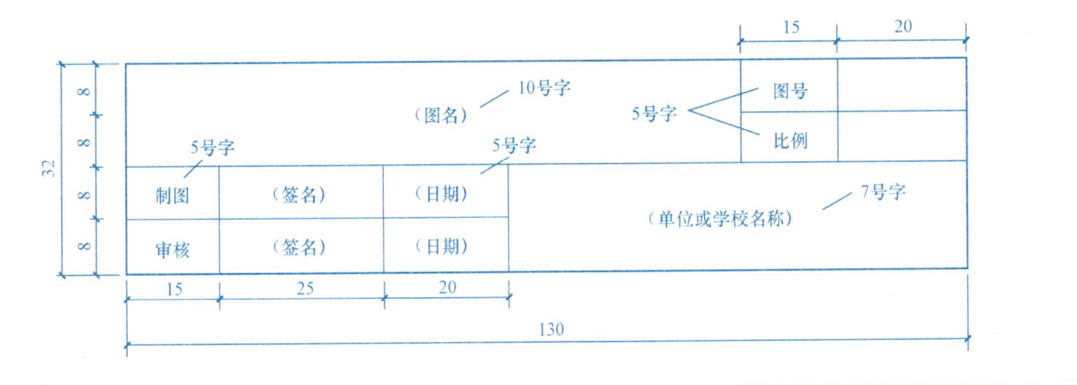

1—5 几何作图。

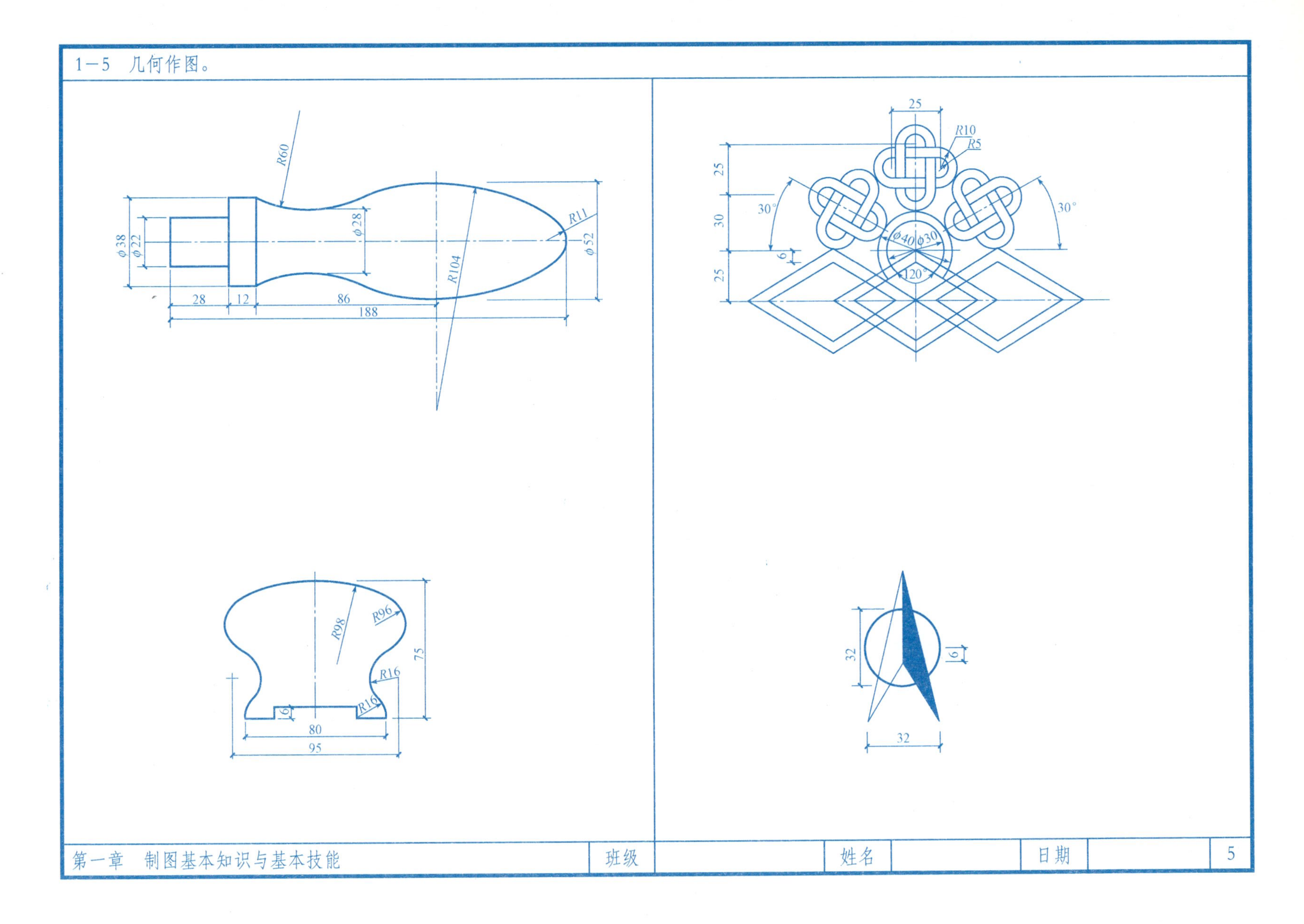

R60
ϕ38
ϕ22
ϕ28
R104
R11
ϕ52
28
12
86
188
25
R10
R5
30°
ϕ40
ϕ30
120°
6
R98
R96
75
R16
80
95
32

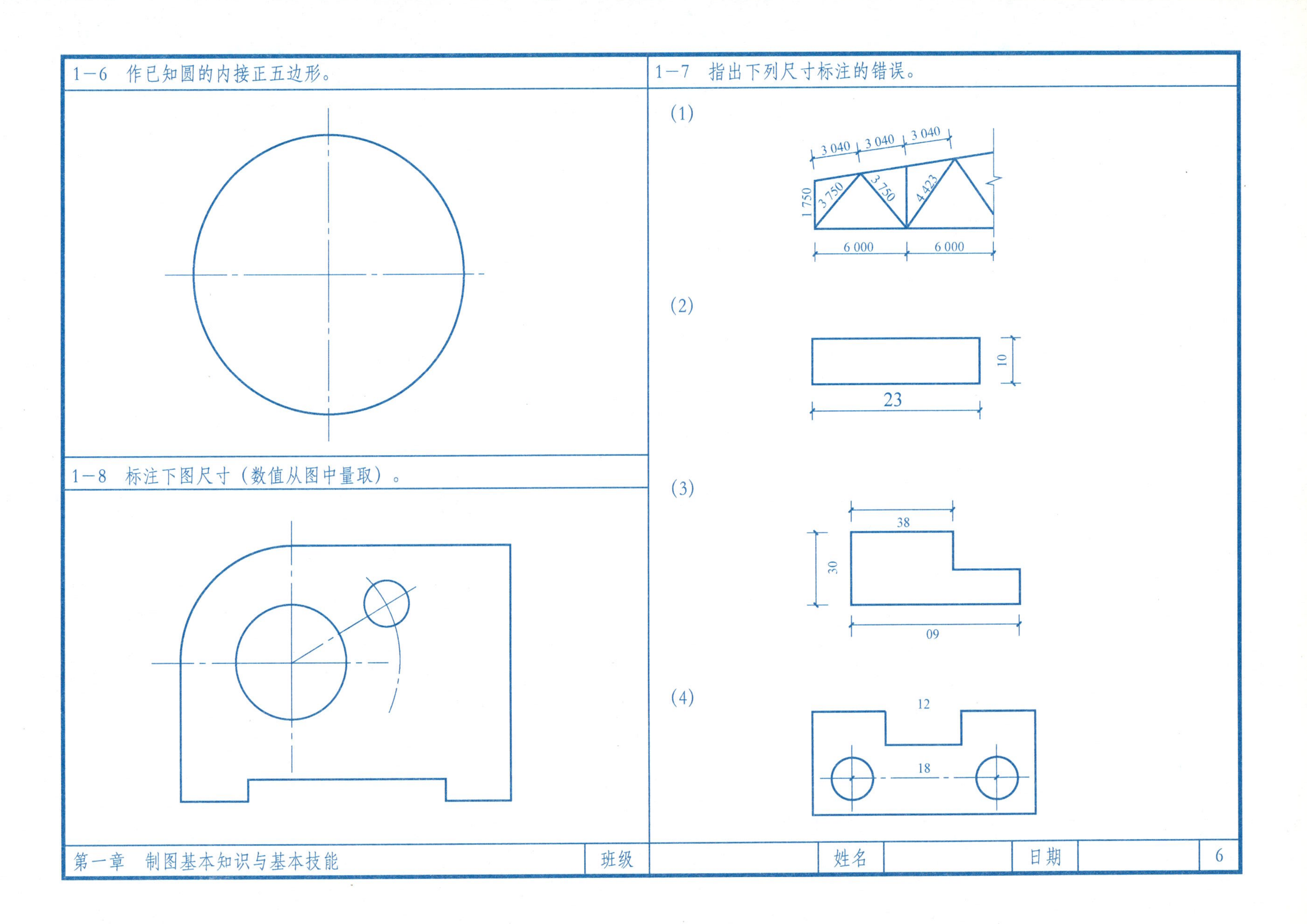
1—6 作已知圆的内接正五边形。
1—7 指出下列尺寸标注的错误。
(1)
3 040
3 040
3 040
1 750
3 750
3 750
4 423
6 000
6 000
(2)
10
23
(3)
38
30
09
(4)
12
18
1—8 标注下图尺寸（数值从图中量取）。
第一章 制图基本知识与基本技能
班级
姓名
日期
6

1—9 徒手画出下列各图。

(1)

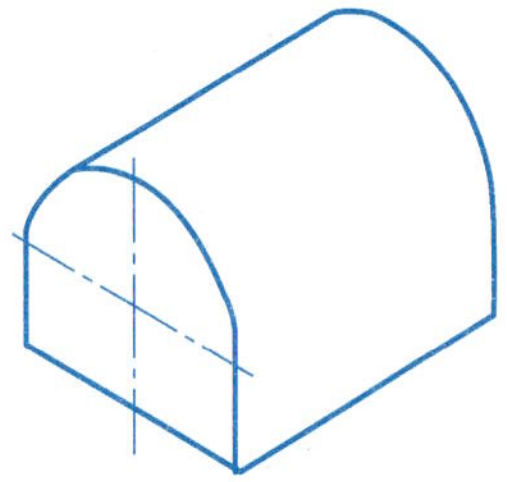

(2)

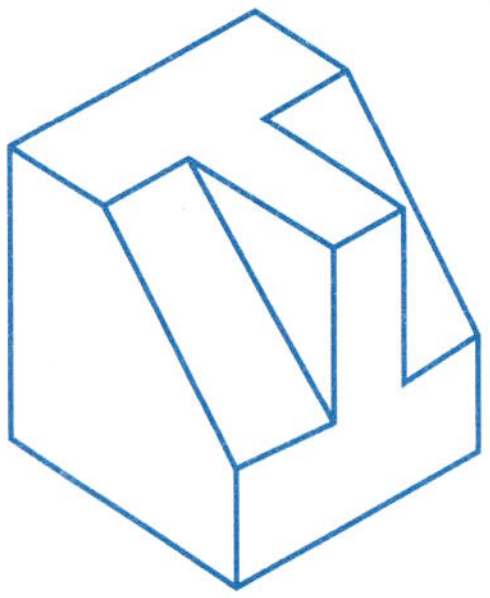

(3)

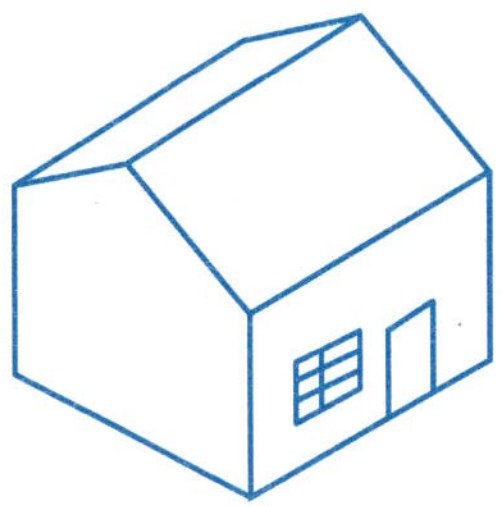

(4)

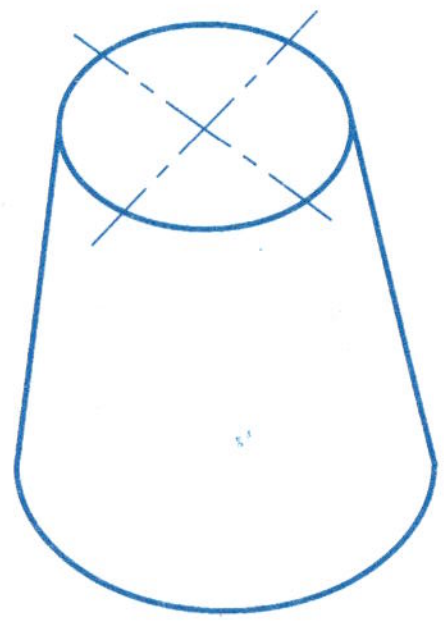

2—1 写出下列各个投影的名称（多面正投影图，轴测投影图，透视投影图，标高投影图）。

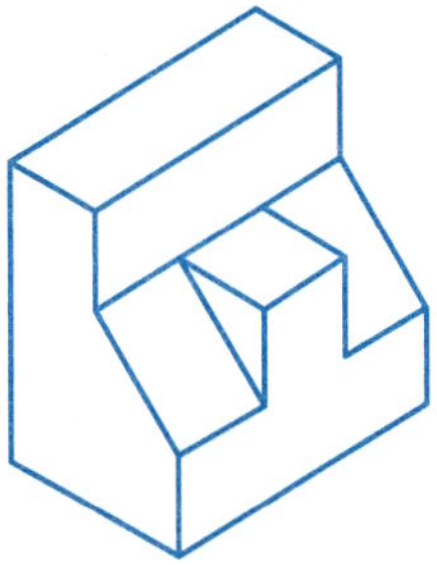

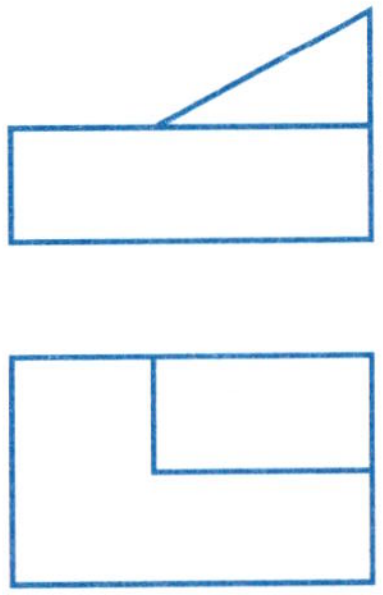

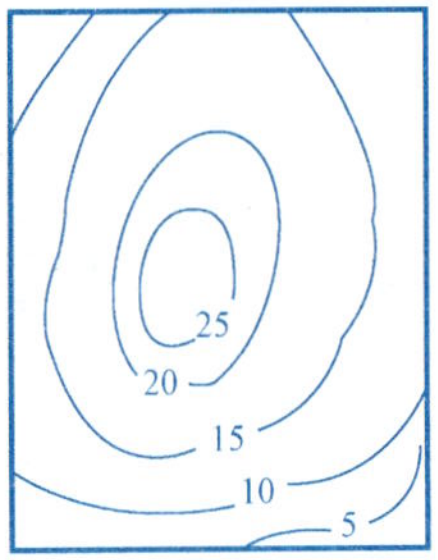

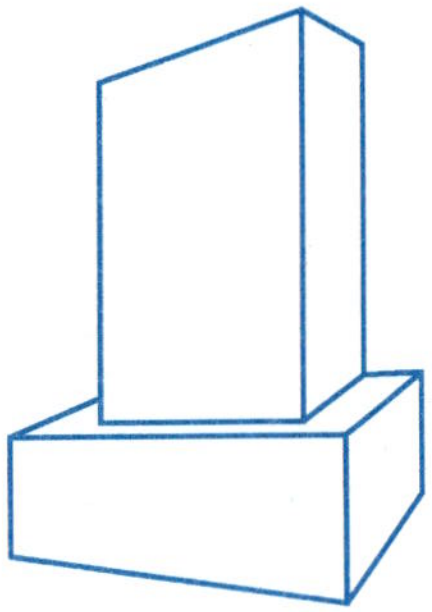

2—2 根据点的坐标值，判定下列投影的可见性（不可见的加括弧表示）。

	A	B	C	D
X	30	30	25	30
Y	20	15	20	15
Z	10	10	10	20

投影的可见性	a	a'	b	b'	c''	d'

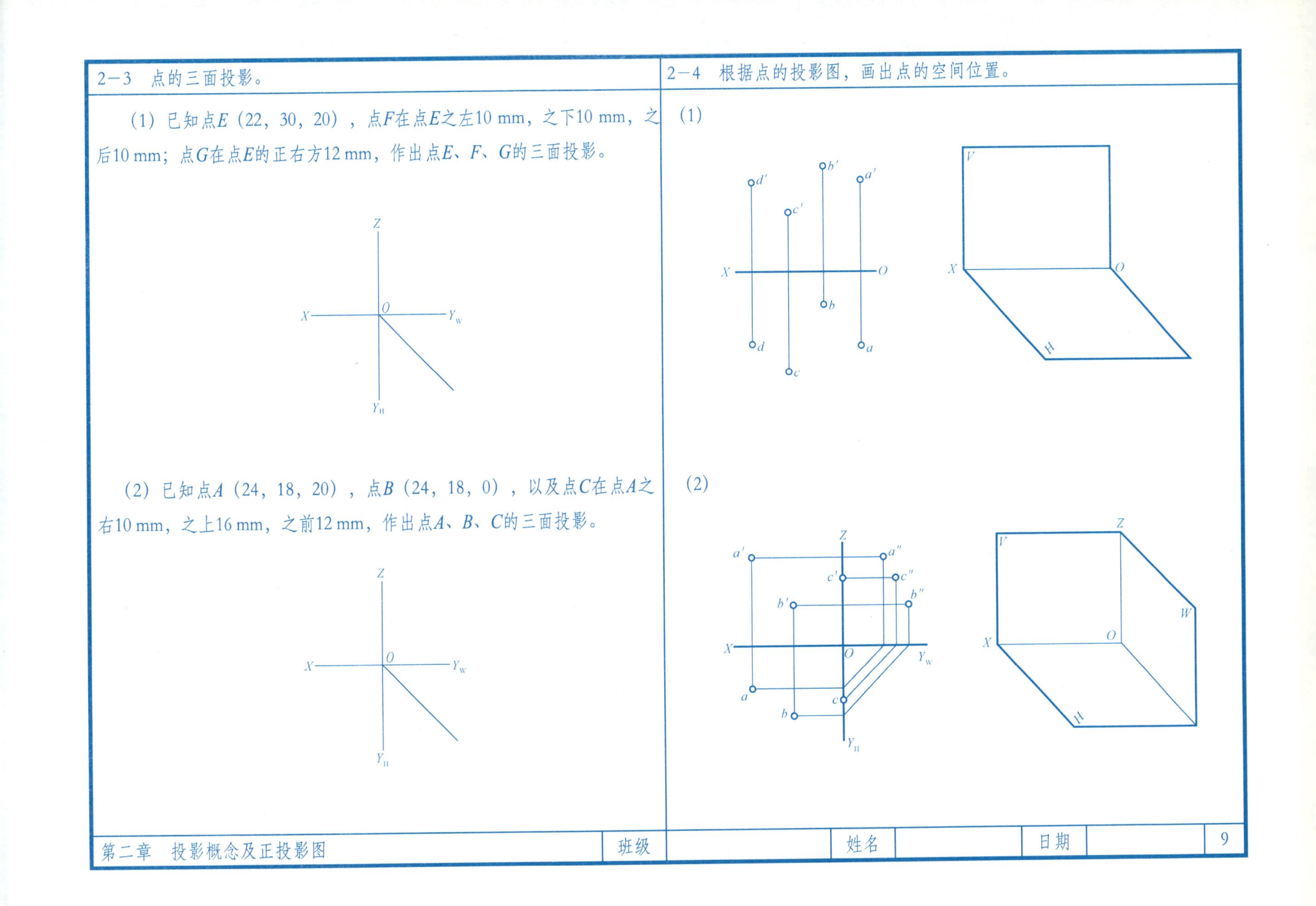

2–3　点的三面投影。

（1）已知点E（22，30，20），点F在点E之左10 mm，之下10 mm，之后10 mm；点G在点E的正右方12 mm，作出点E、F、G的三面投影。

（2）已知点A（24，18，20），点B（24，18，0），以及点C在点A之右10 mm，之上16 mm，之前12 mm，作出点A、B、C的三面投影。

2–4　根据点的投影图，画出点的空间位置。

（1）

（2）

2−5　已知点A到V面的距离等于它到H面的距离，A、B两点到W面的距离相等，作出A、B两点的其余投影。

2−6　已知点A的三面投影，根据下列条件作出B点的三面投影。

$X_B-X_A=10$；$Y_B-Y_A=15$；$Z_B=Z_A$

2−7　试判断下列各组图形哪一组表示相交直线（　　）。

2−8　试判断反映直线AB对H面倾角的是哪一组α角（　　）。

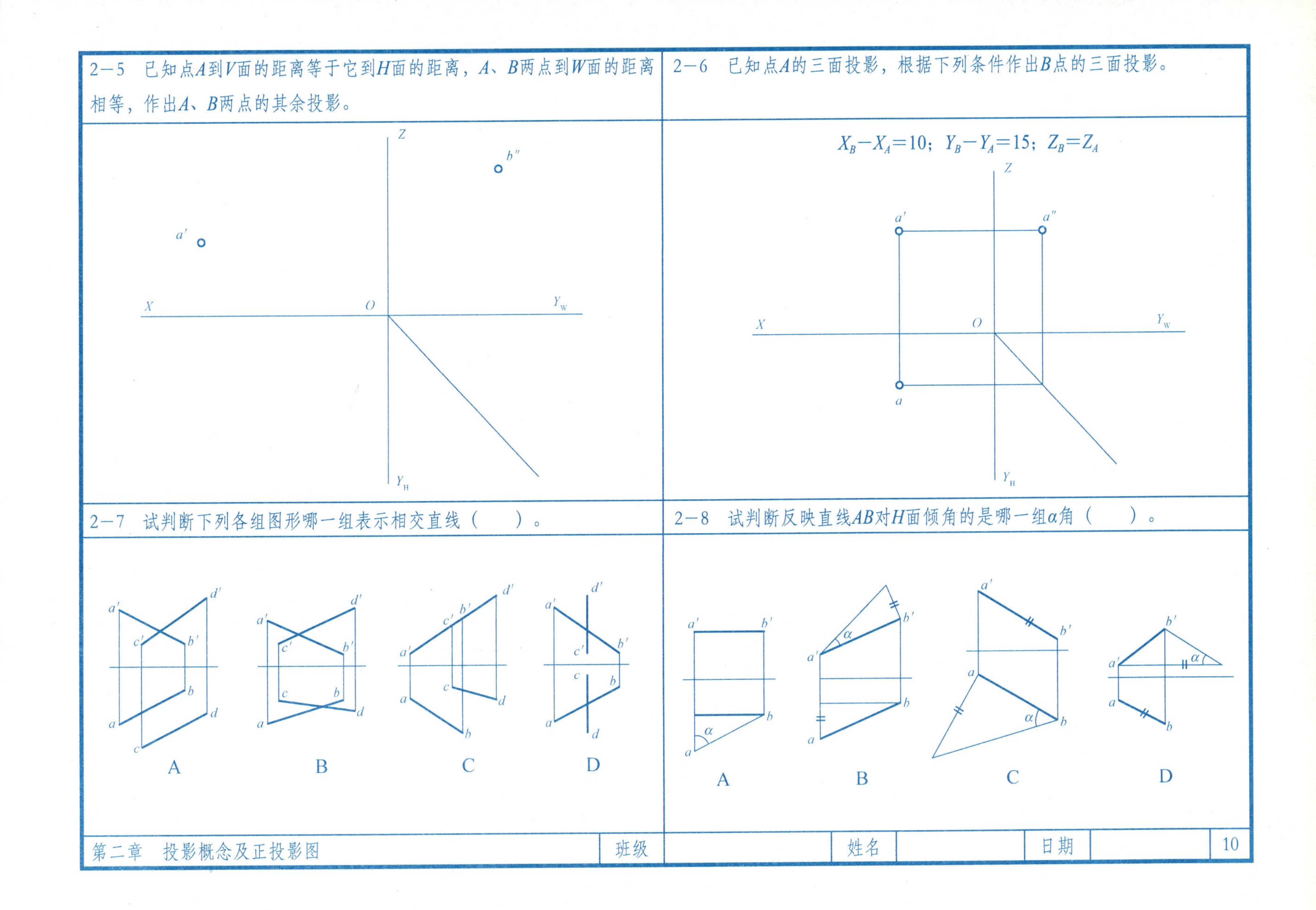

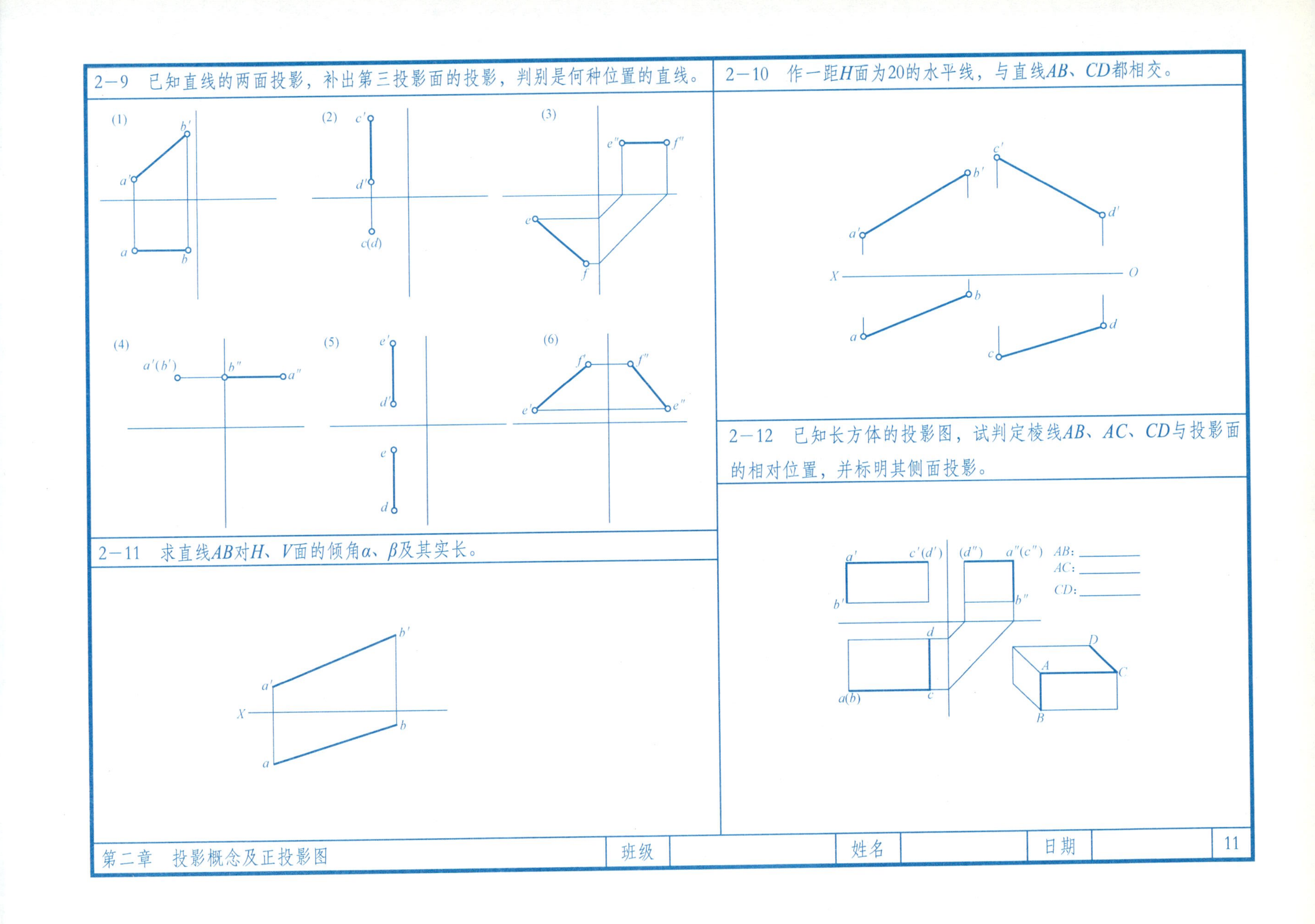

2—9　已知直线的两面投影，补出第三投影面的投影，判别是何种位置的直线。

2—10　作一距H面为20的水平线，与直线AB、CD都相交。

2—11　求直线AB对H、V面的倾角α、β及其实长。

2—12　已知长方体的投影图，试判定棱线AB、AC、CD与投影面的相对位置，并标明其侧面投影。

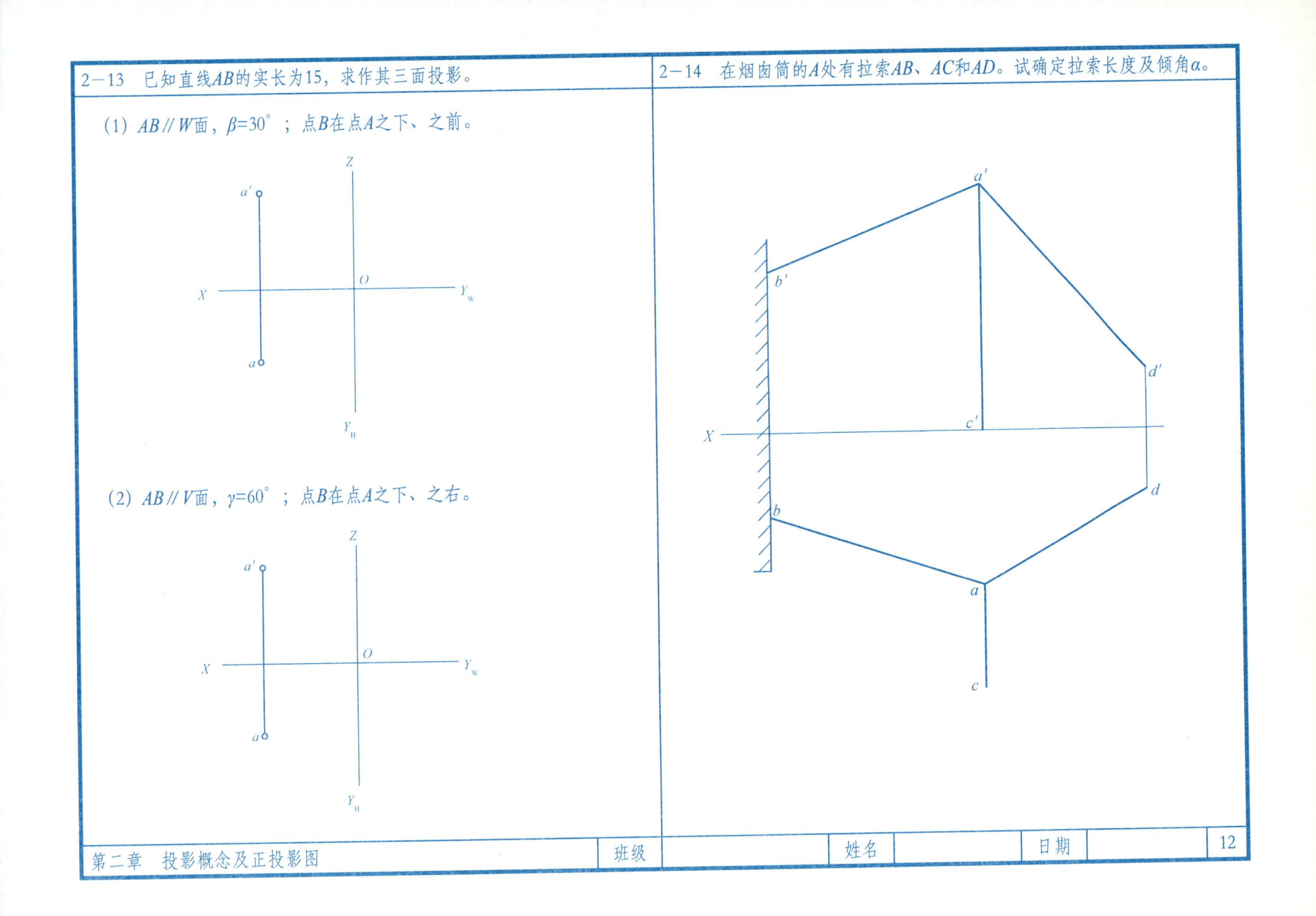

2−13　已知直线AB的实长为15，求作其三面投影。

(1) AB // W面，β=30°；点B在点A之下、之前。

(2) AB // V面，γ=60°；点B在点A之下、之右。

2−14　在烟囱筒的A处有拉索AB、AC和AD。试确定拉索长度及倾角α。

2–15 求直线与平面、平面与平面的交点K或交线MN，并判定可见性。

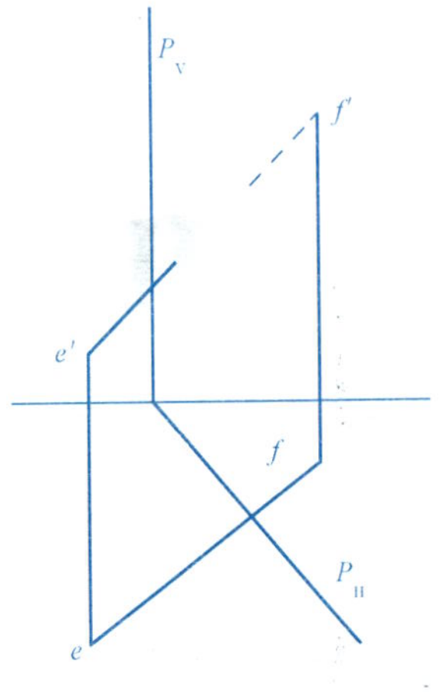

P_V f' e' f P_H e

(1)

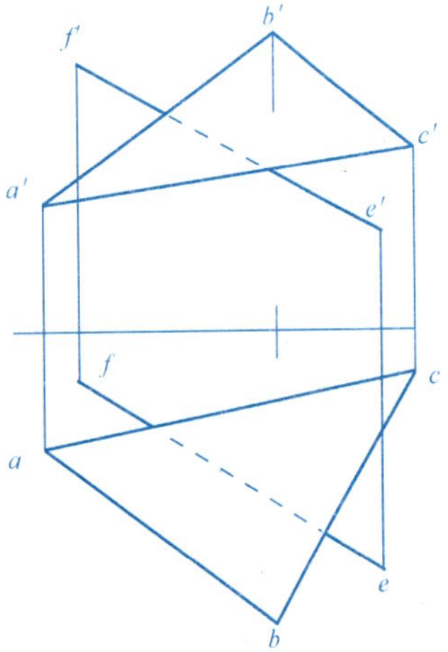

b' f' c' a' e' f c a e b

(2)

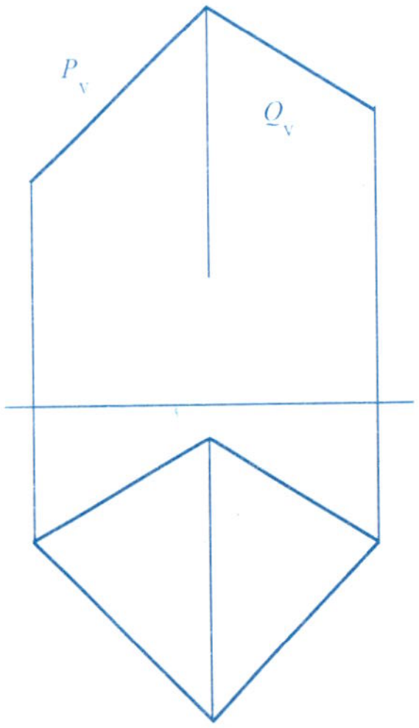

P_V Q_V

(3)

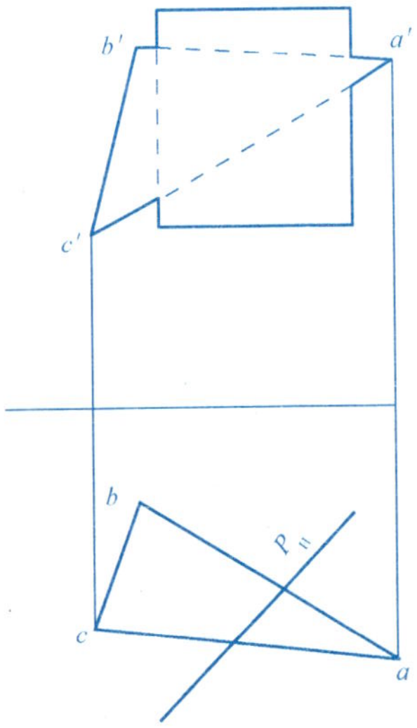

b' a' c' b P_H c a

(4)

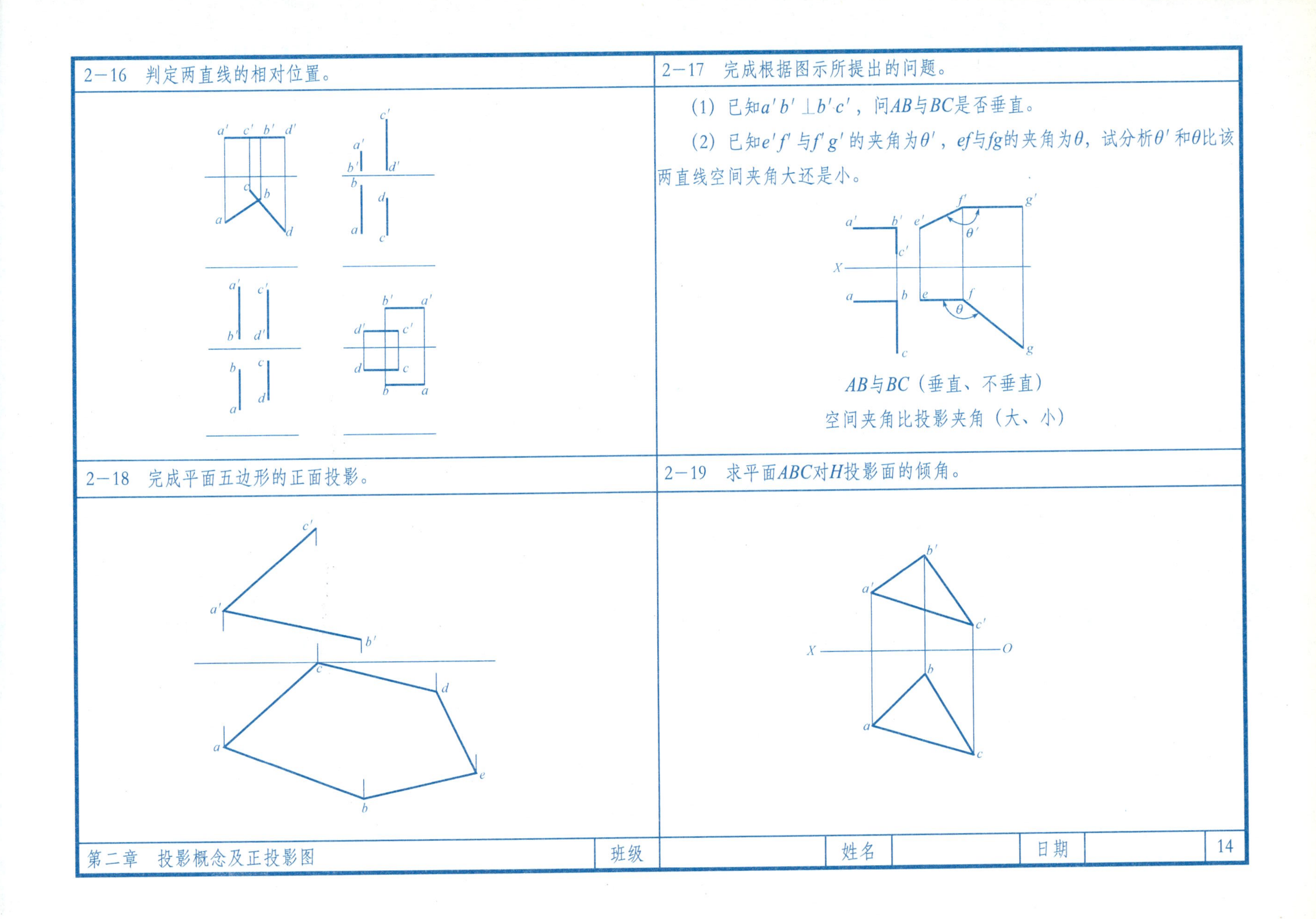
2-16 判定两直线的相对位置。
2-17 完成根据图示所提出的问题。
(1) 已知$a'b' \perp b'c'$，问AB与BC是否垂直。
(2) 已知$e'f'$与$f'g'$的夹角为θ'，ef与fg的夹角为θ，试分析θ'和θ比该两直线空间夹角大还是小。
AB与BC（垂直、不垂直）
空间夹角比投影夹角（大、小）
2-18 完成平面五边形的正面投影。
2-19 求平面ABC对H投影面的倾角。
X
O

2-20　已知正方形ABCD的一条边AB为正垂线且位于左下方，ABCD为正垂面，完成ABCD的V面投影。

2-21　补画平面的第三投影。

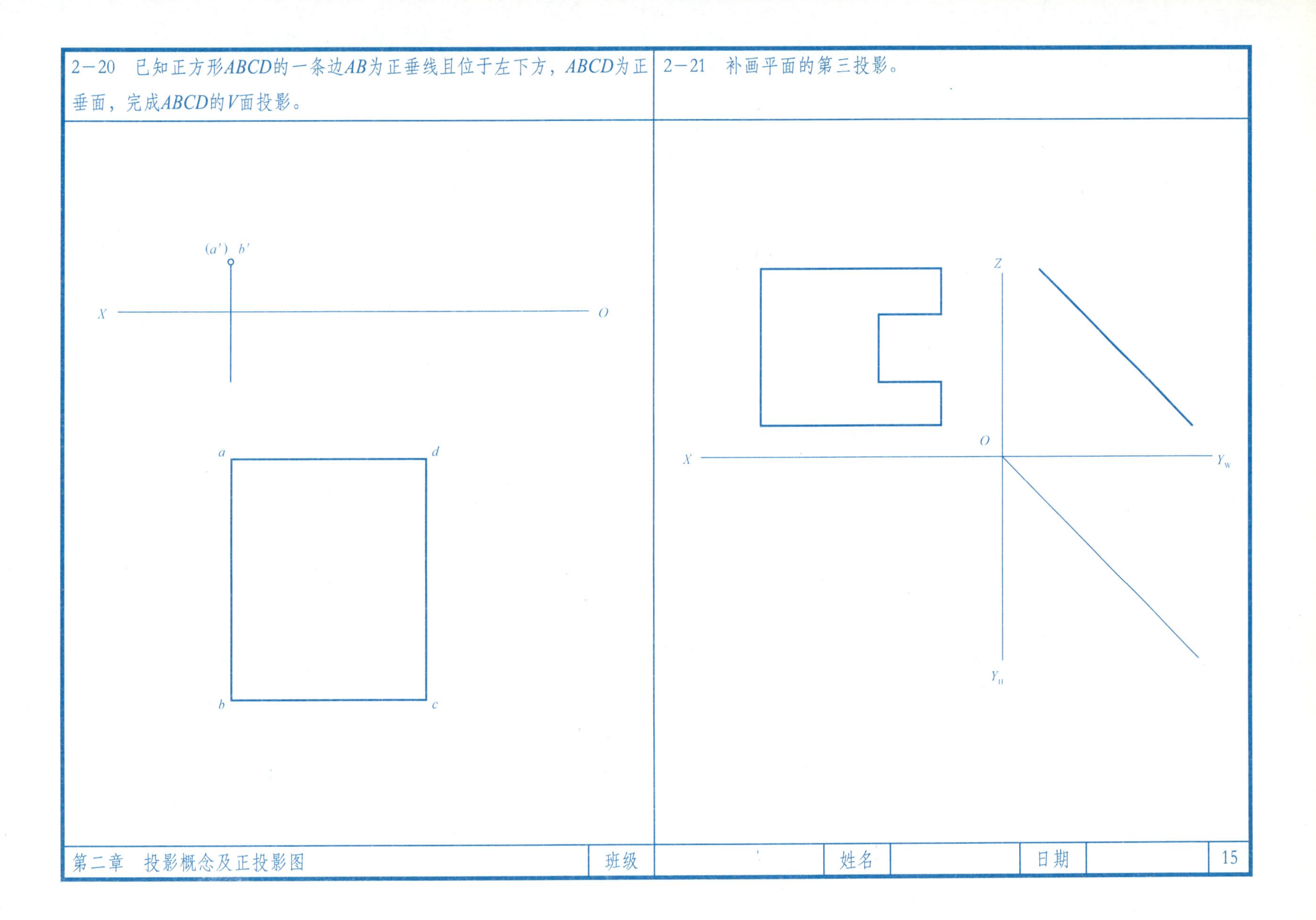

2—22 已知平面的两面投影，求其第三投影，并判定其与投影面的相对位置。

2—23 判定下列平面与投影面的相对位置及其与投影面的倾角。

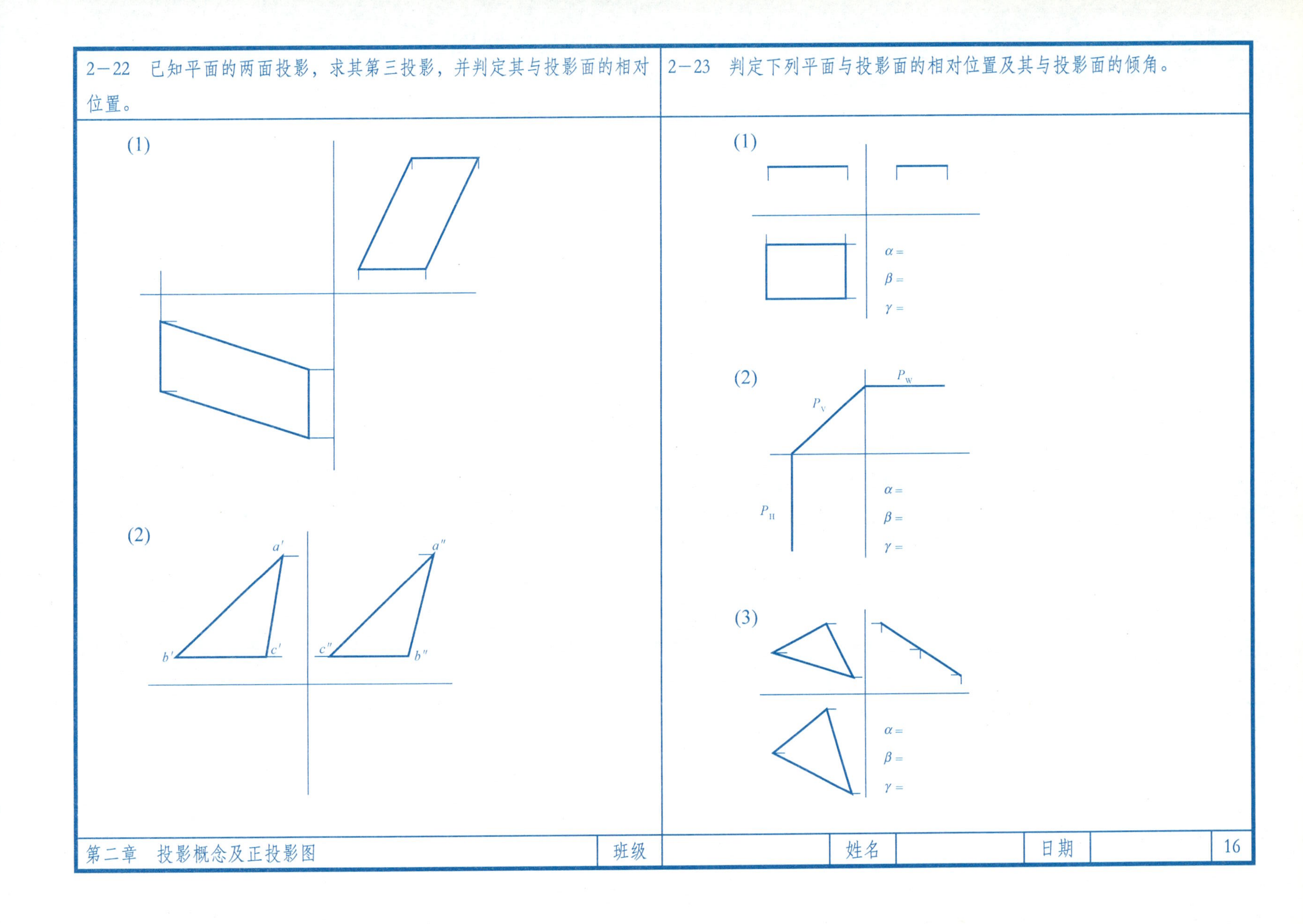

2–24　以AB为一边，作一与V面成30°角的正方形$ABCD$。

2–25　对照立体图在三面投影中标出直线AB、CD和平面P、Q的投影。

2–26　从点C向室外电线AB搭接住户引入线，试问接在AB的何处，使引入线最短，引入线的实长是多少？

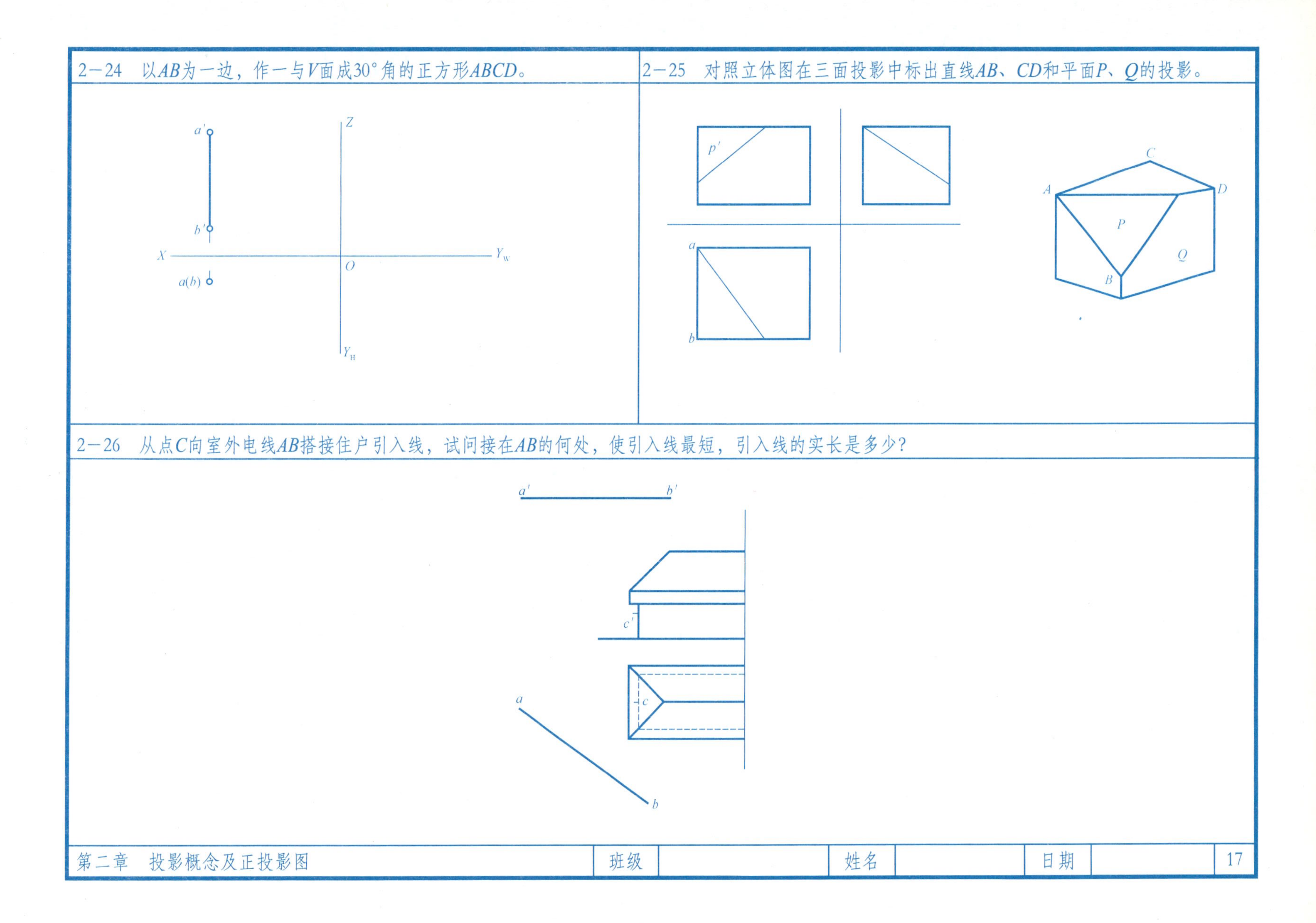

2−27 判定*A*、*B*两点是否在下列平面内。

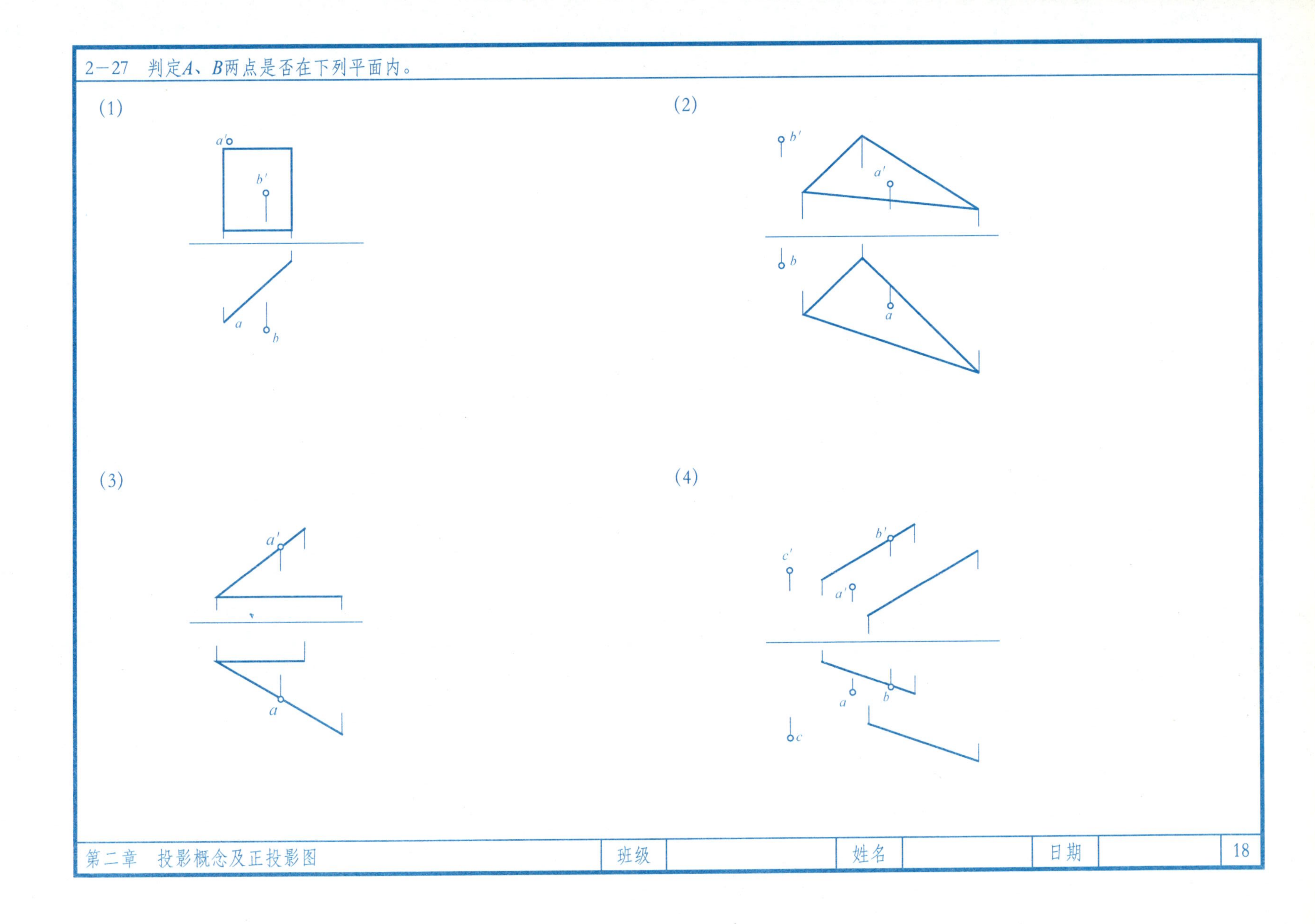

3—1　补出基本形体的第三投影。

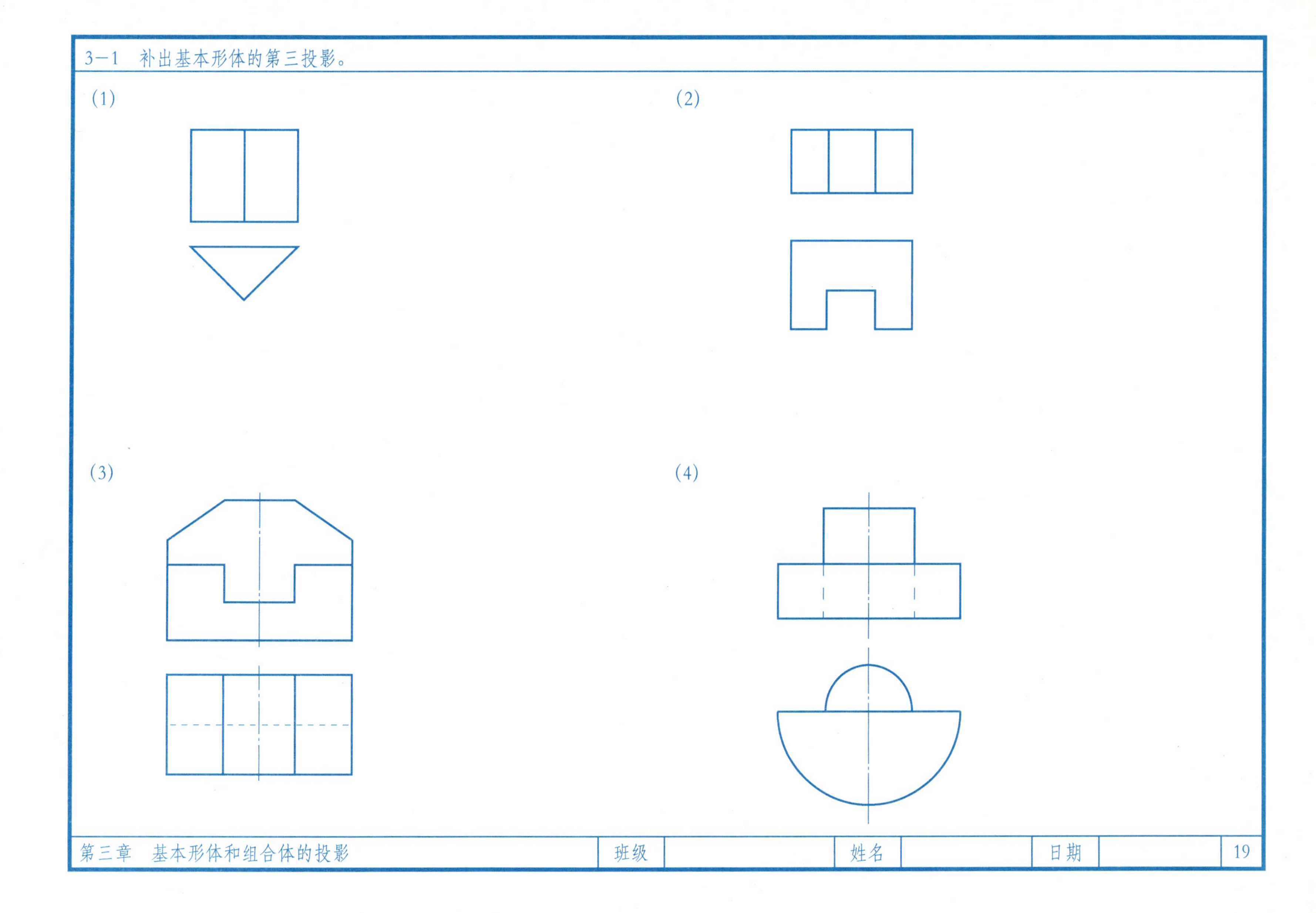

3—1 补出基本形体的第三投影。

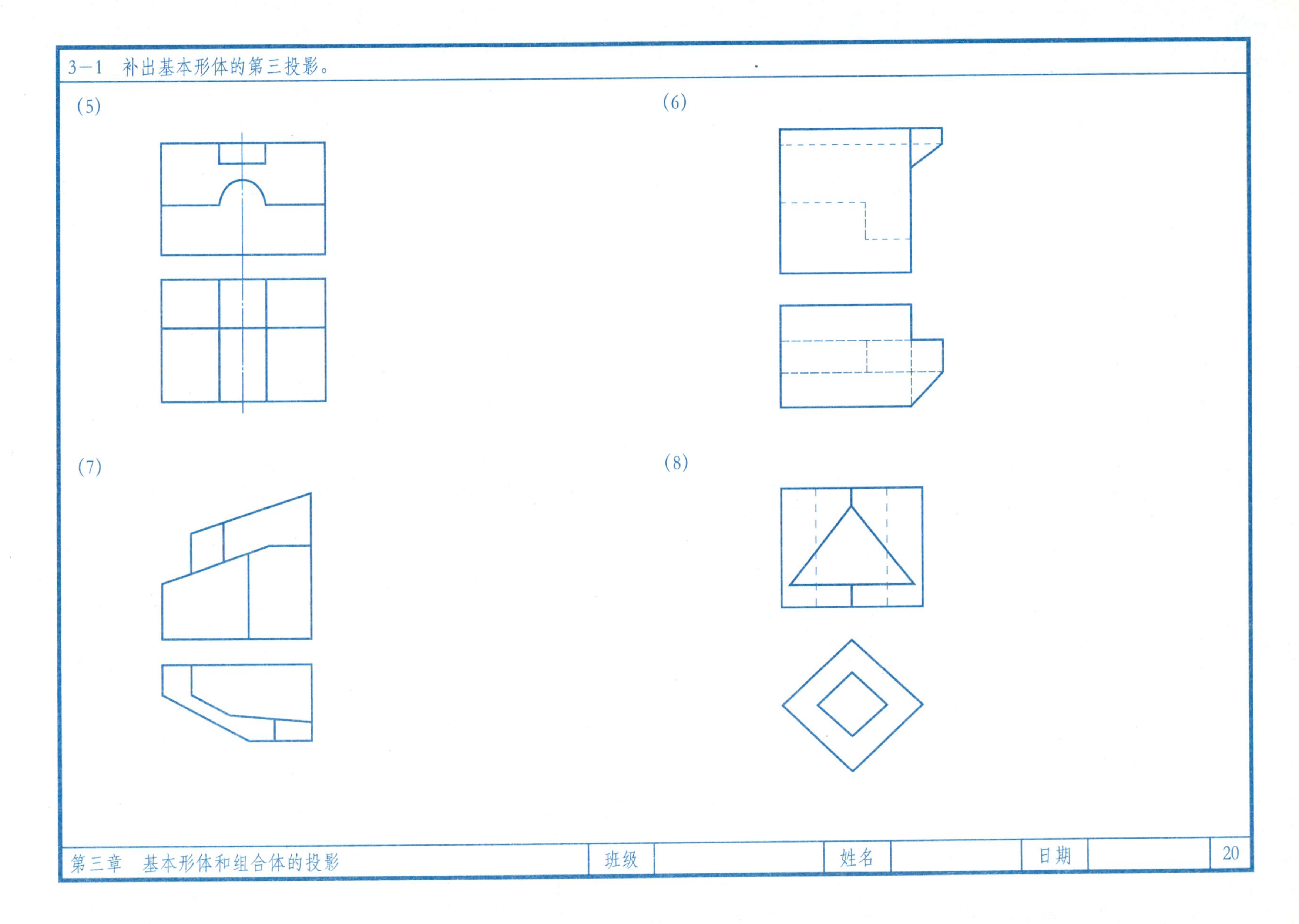

3—2 补出立体的第三投影图。

(1) 求水平投影图。

(2) 求侧面投影图。

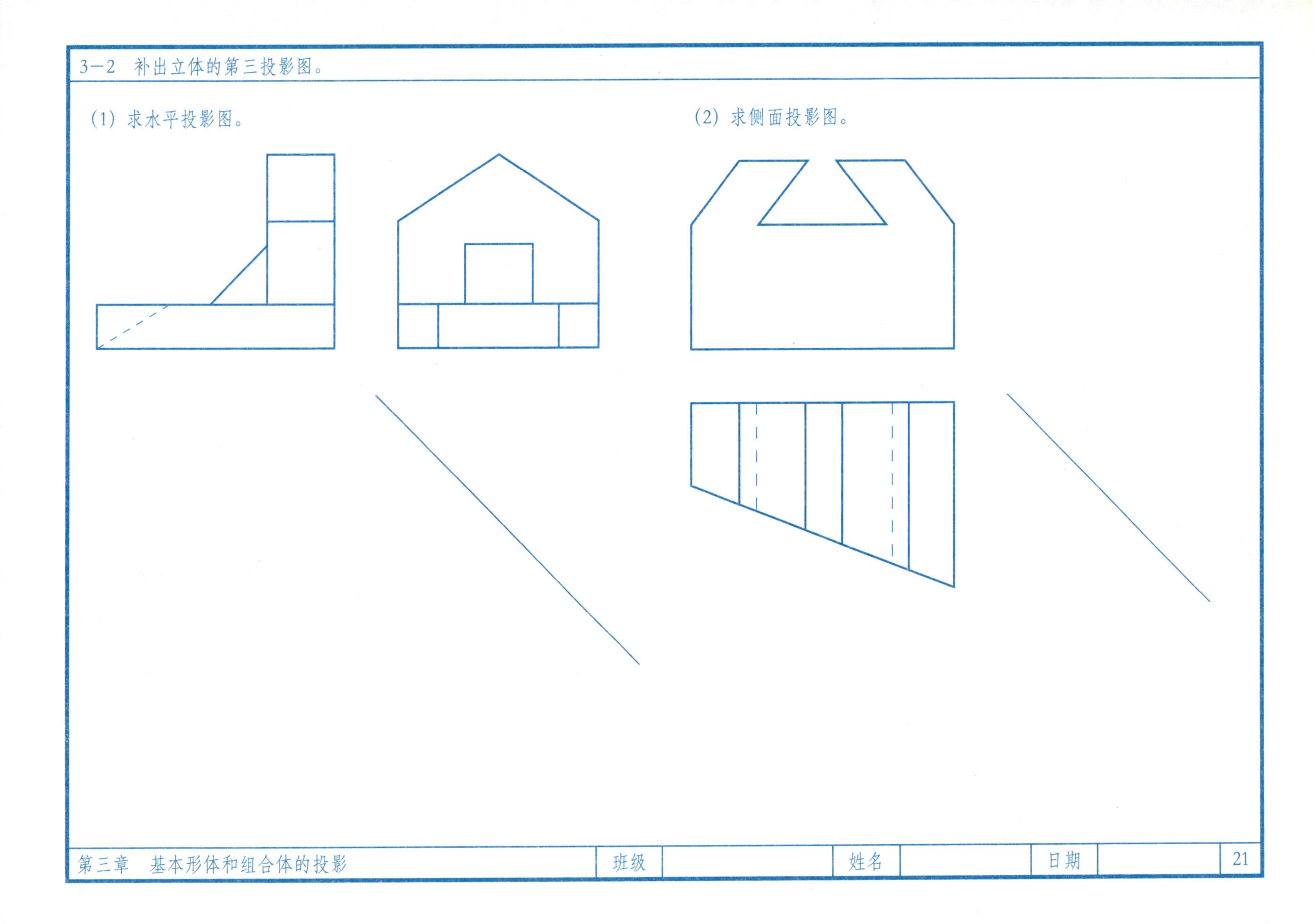

3—3　画三棱柱的投影图。

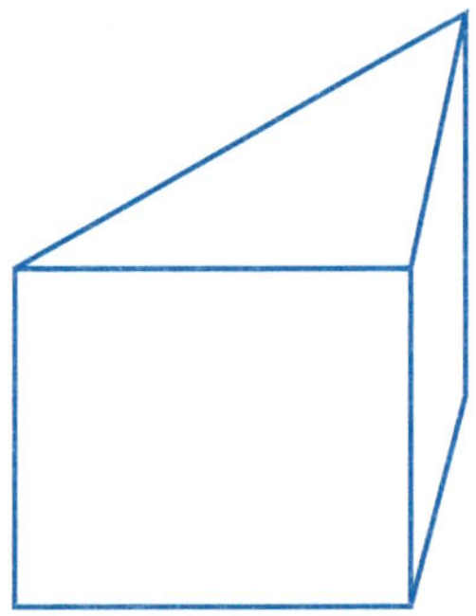

3—4　已知H面投影，补画V、W面形体的相贯线。

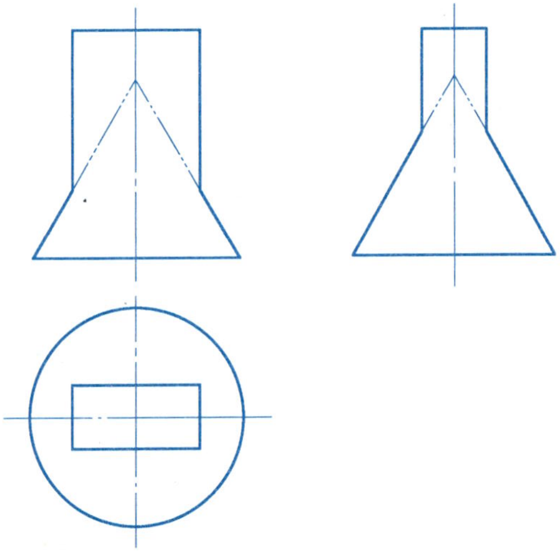

3-5 分析下列四组图形中，哪一组能与已知图形嵌合成为圆柱体？（　　）

3−6 画半圆拱的三面投影图。

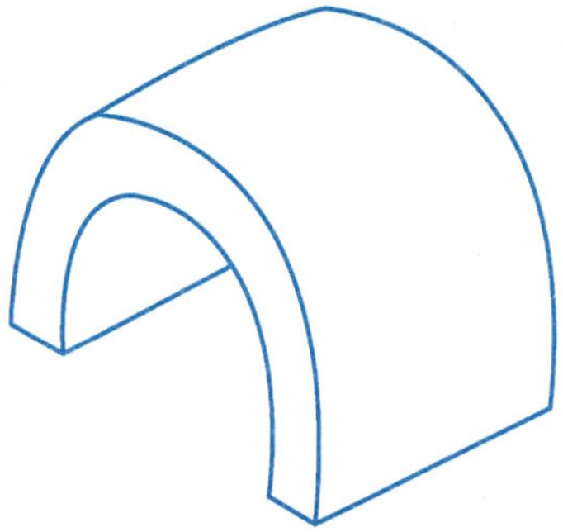

3−7 已知V、W面投影，补画H面投影。

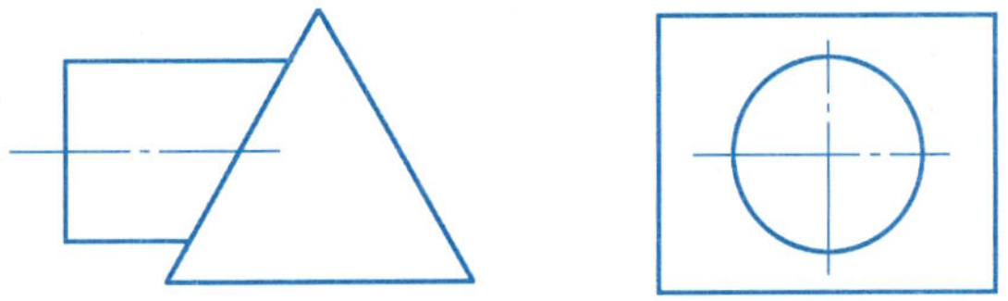

3-8 补全下列组合体中所缺的线。

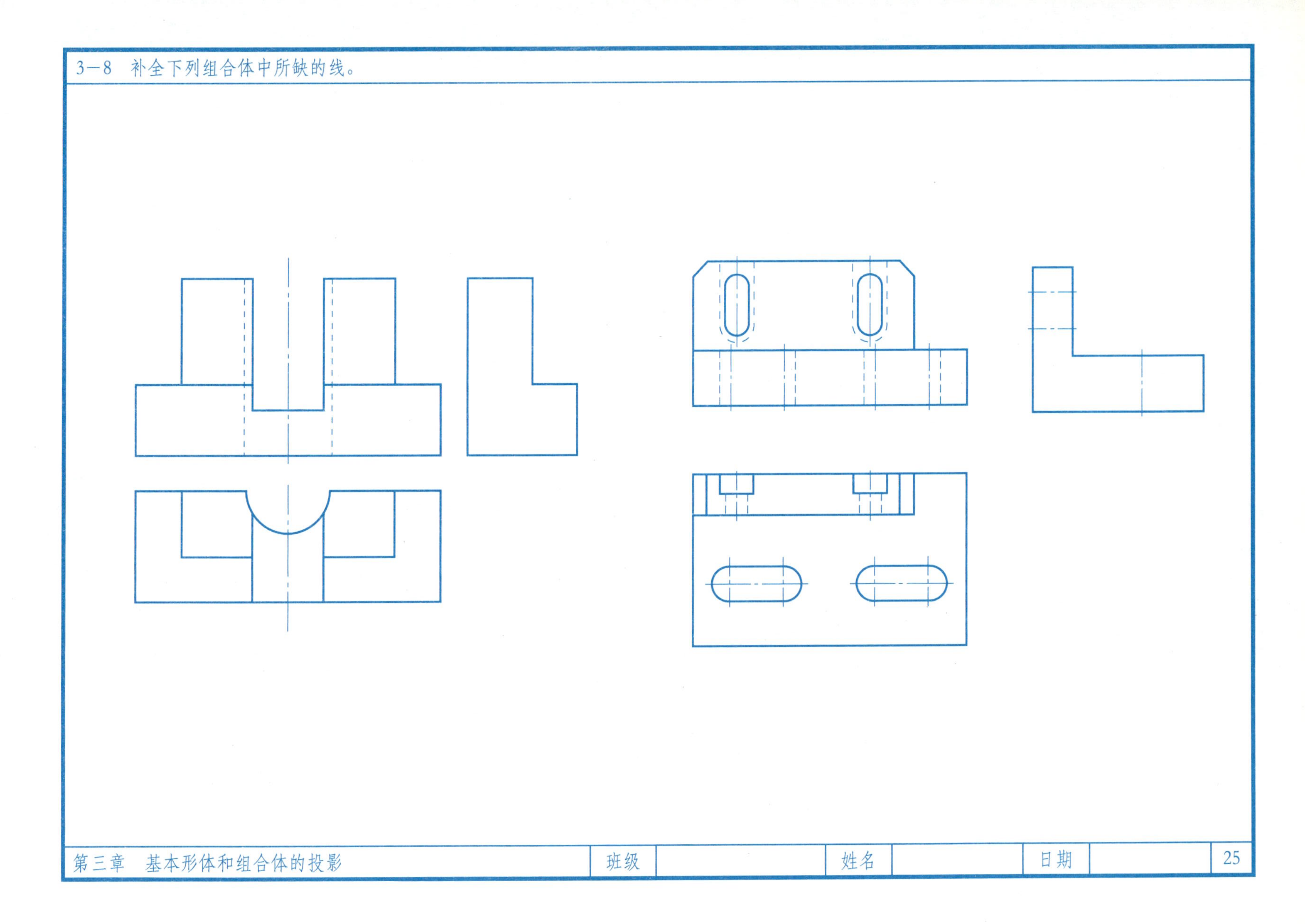

3—9 补全组合体（半球与棱柱、圆柱相贯）的三面投影。

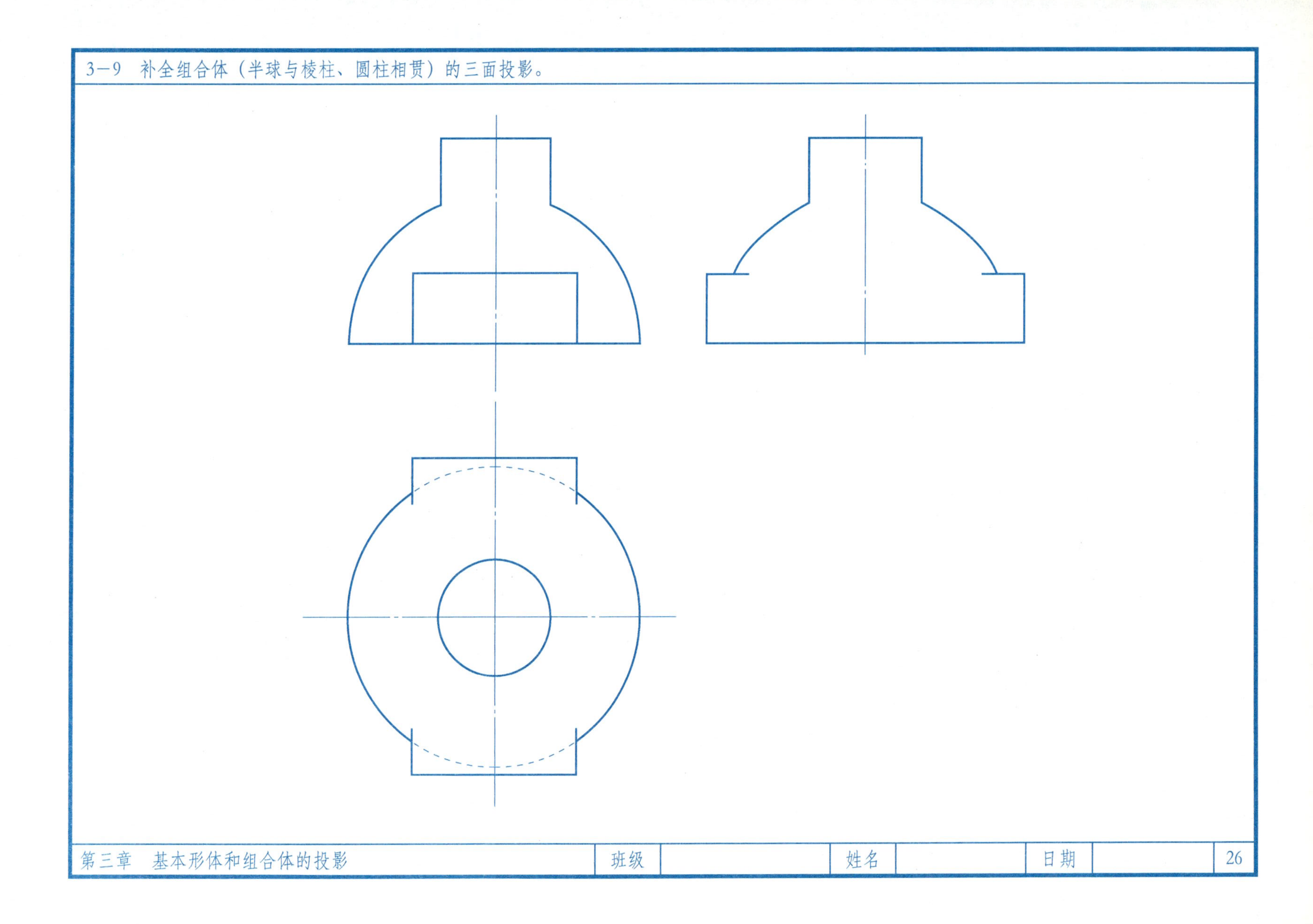

班级		姓名		日期		26

3-10 按照尺寸的分类，在投影图上标注出组合体所需的尺寸（其大小用1∶5的比例尺在图上量取）。

3-11 在投影图上标注出组合体所需的尺寸（其大小用1∶2的比例尺在图上量取）。

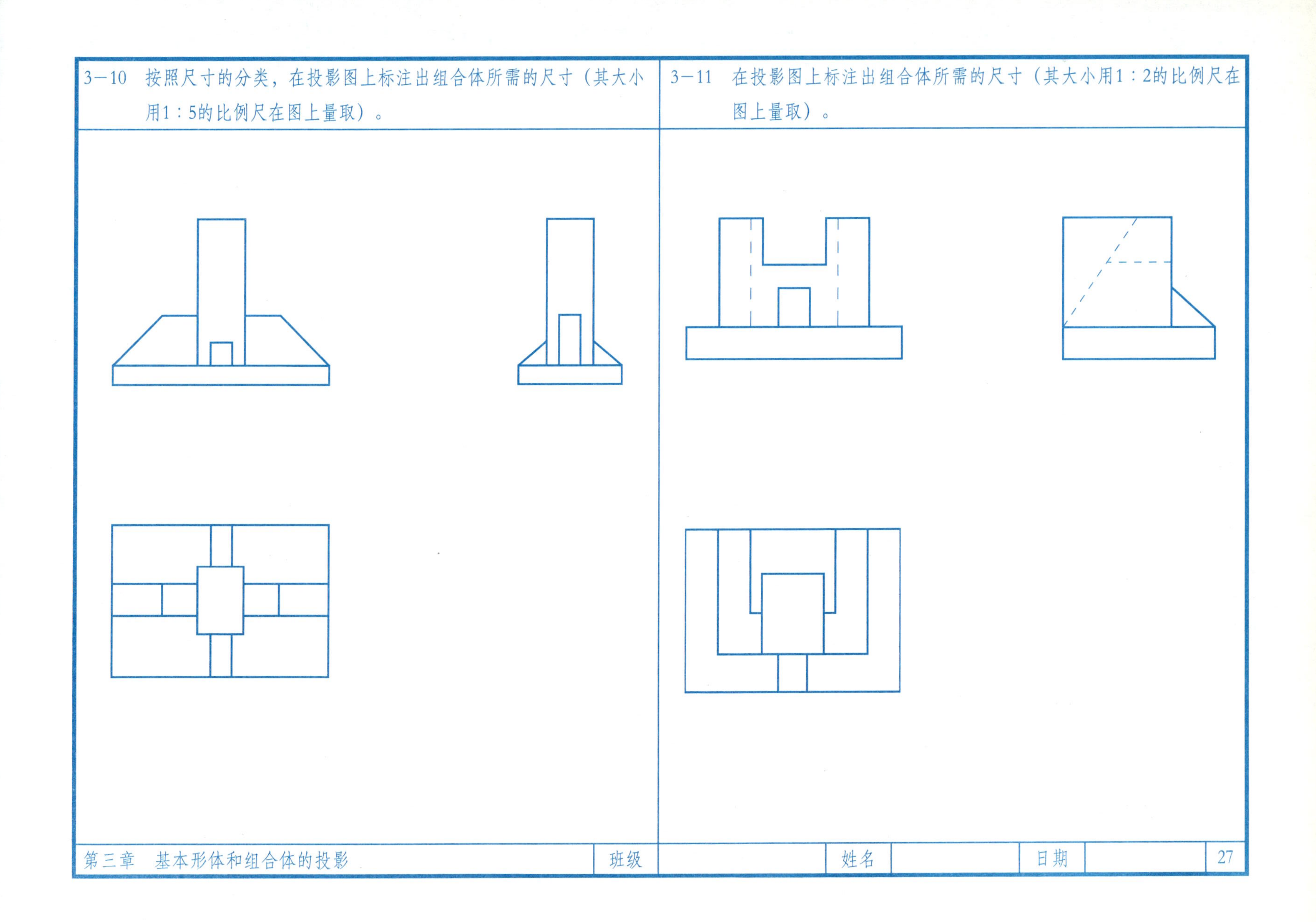

4-1　求三棱锥被截切后的侧面投影。

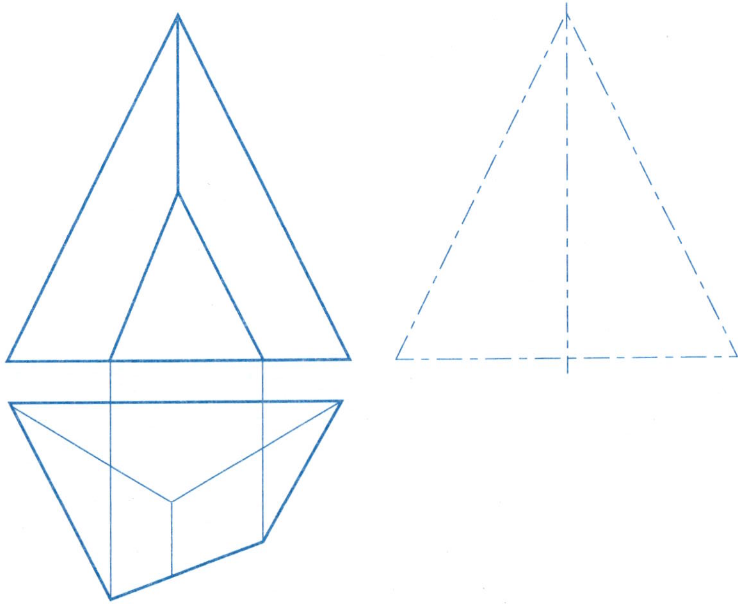

4-2　求圆锥被正垂面截切后的水平投影和侧面投影。

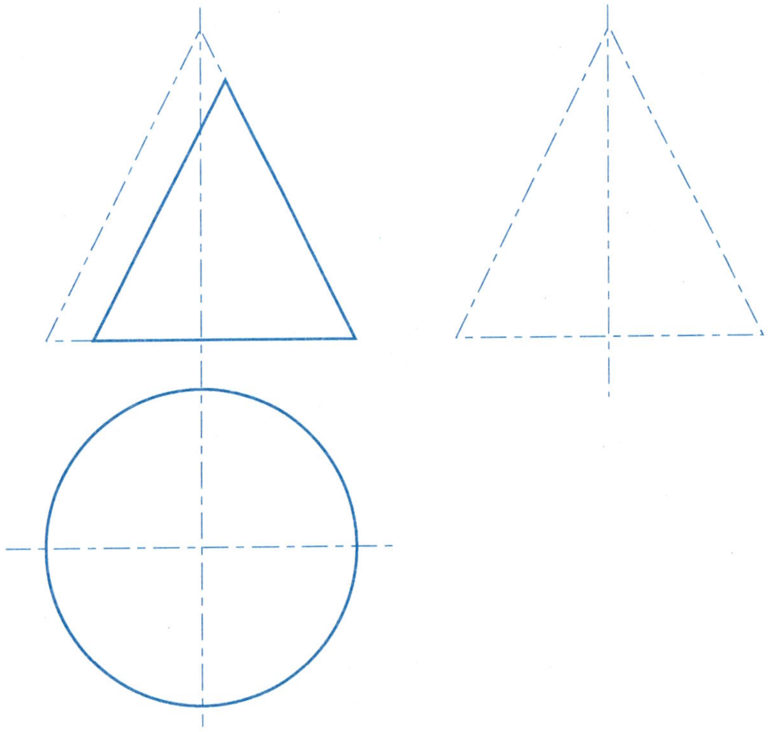

班级		姓名		日期		28

4-3 求直线与三棱柱相交的贯穿点，并区分可见性。

b'
a'
a
b

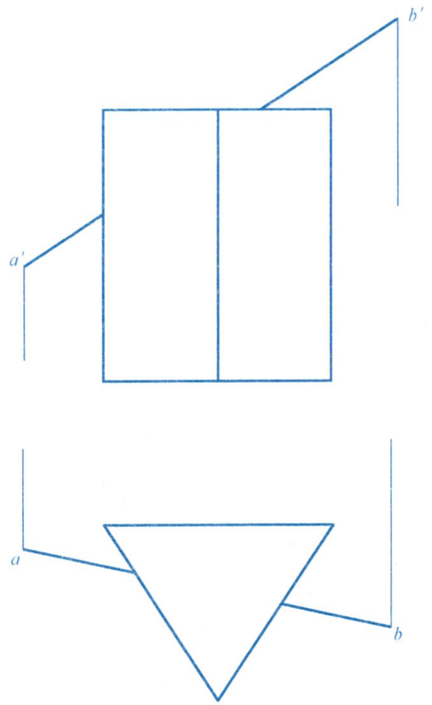

4-4 求直线EF与三棱锥相交的贯穿点，并区分可见性。

f'
e'
f
e

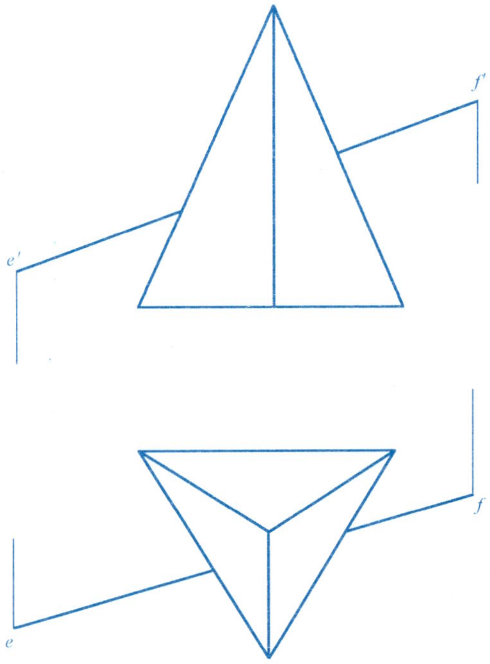

4－5 完成平面立体被截切后的三面投影。

(1)

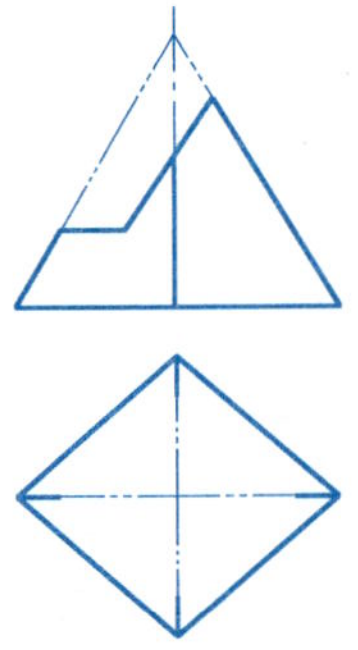

(2)

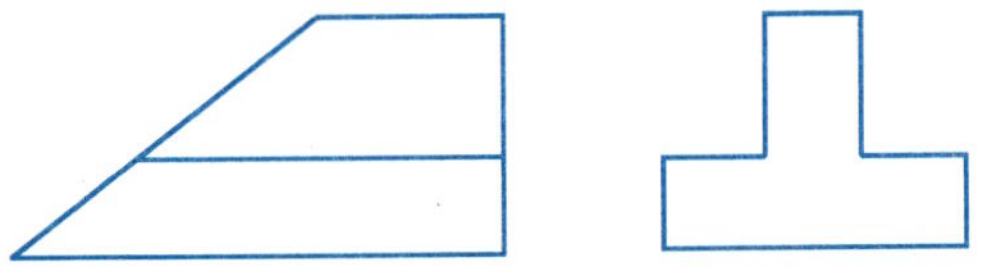

4－6 完成复合回转体截交线的三面投影。

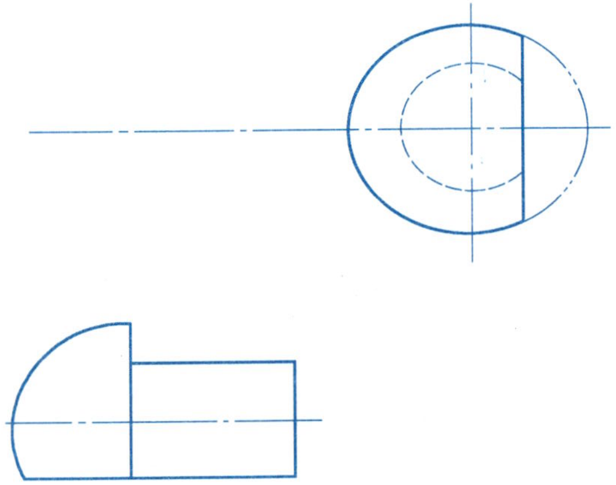

4-7　求三棱柱被截切后的正面投影。

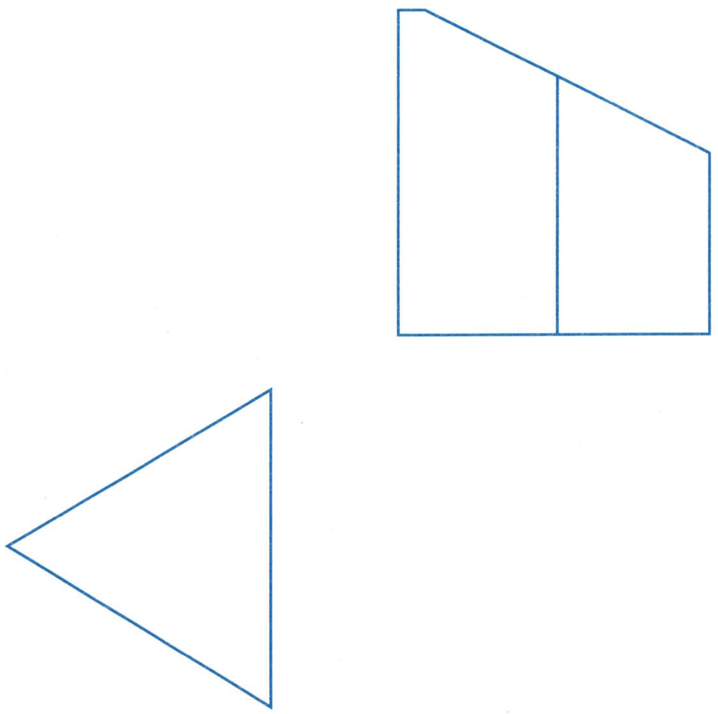

4-8　求四棱柱被截切后的侧面投影。

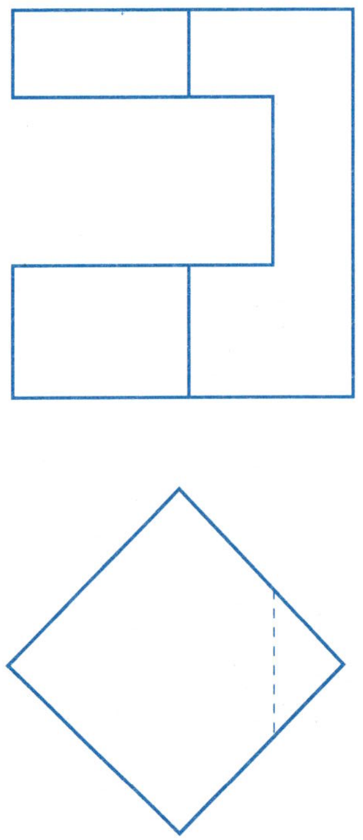

4—9　求四棱柱被截切后的侧面投影。

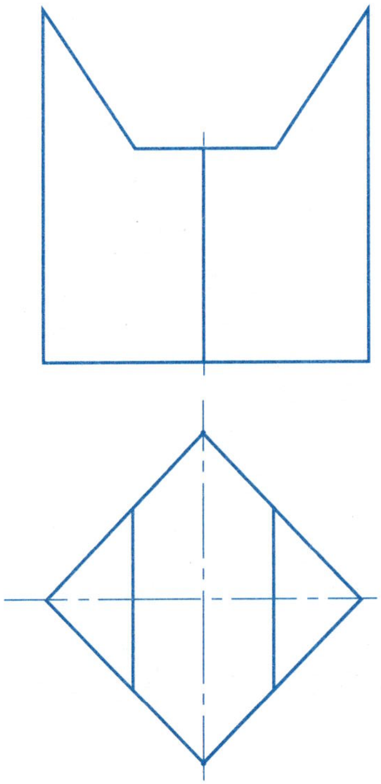

4—10　求六棱柱被截切后的正面和侧面投影。

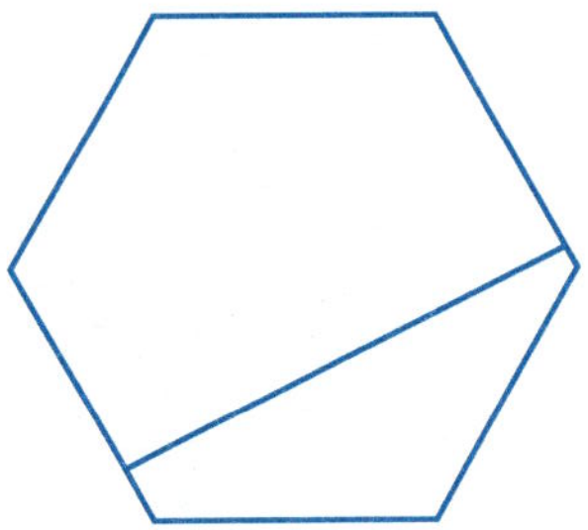

班级		姓名		日期		

4—11 求直线EF与圆锥相交的贯穿点，并判别可见性。

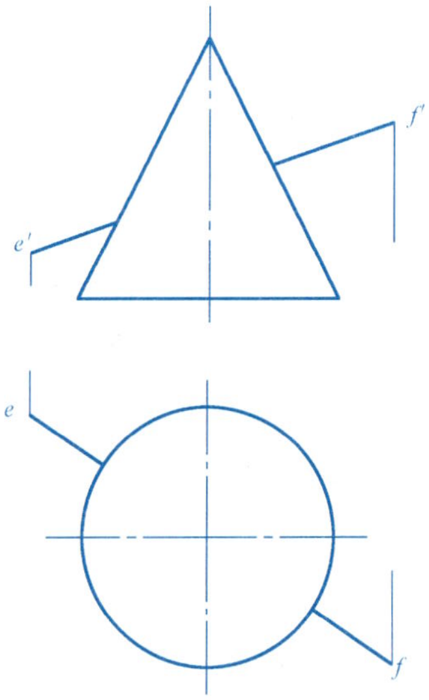

e' f' e f

4—12 求平面与曲面体的截交线。

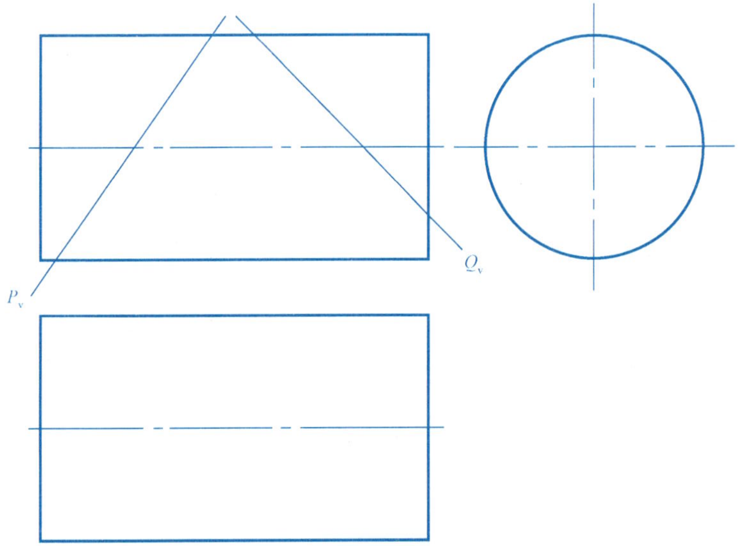

P_v Q_v

4—13　补出圆柱切口体的*H*面、*W*面投影。

4—14　求作缺圆锥的*H*面、*W*面投影。

4-15　已知正四棱锥及其上缺口的V面投影，求H面和W面投影。

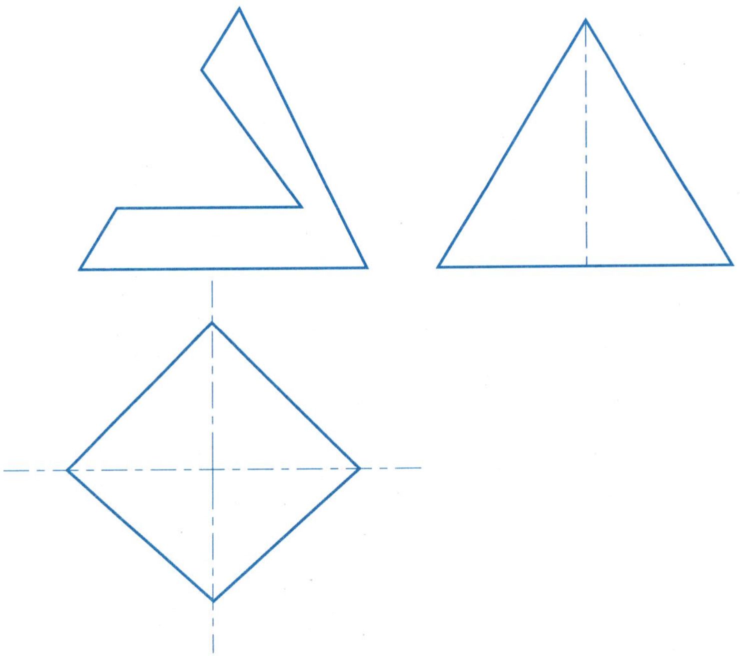

4-16　已知一建筑物球壳屋面的跨度L和球的半径R（如下图），求球壳屋面的投影。

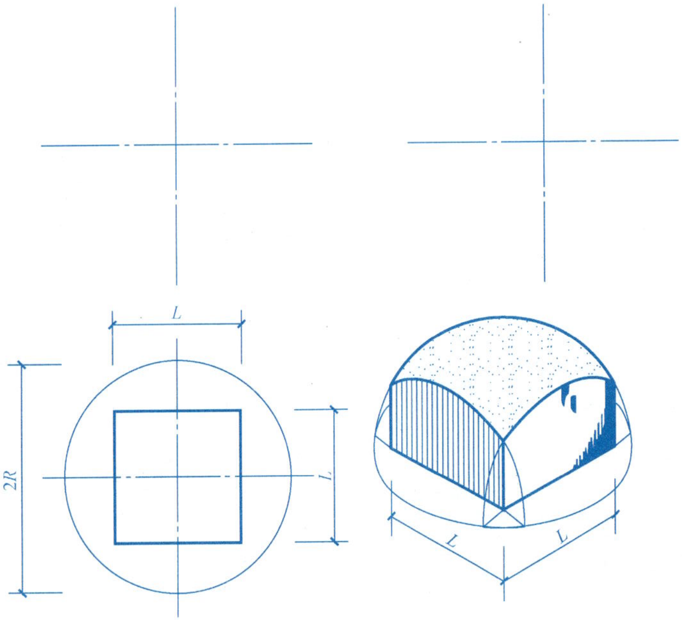

L

2R

L

L　L

4-17 求半圆柱和圆柱相贯的侧面投影。

4-18 求三棱柱与圆锥的相贯线。

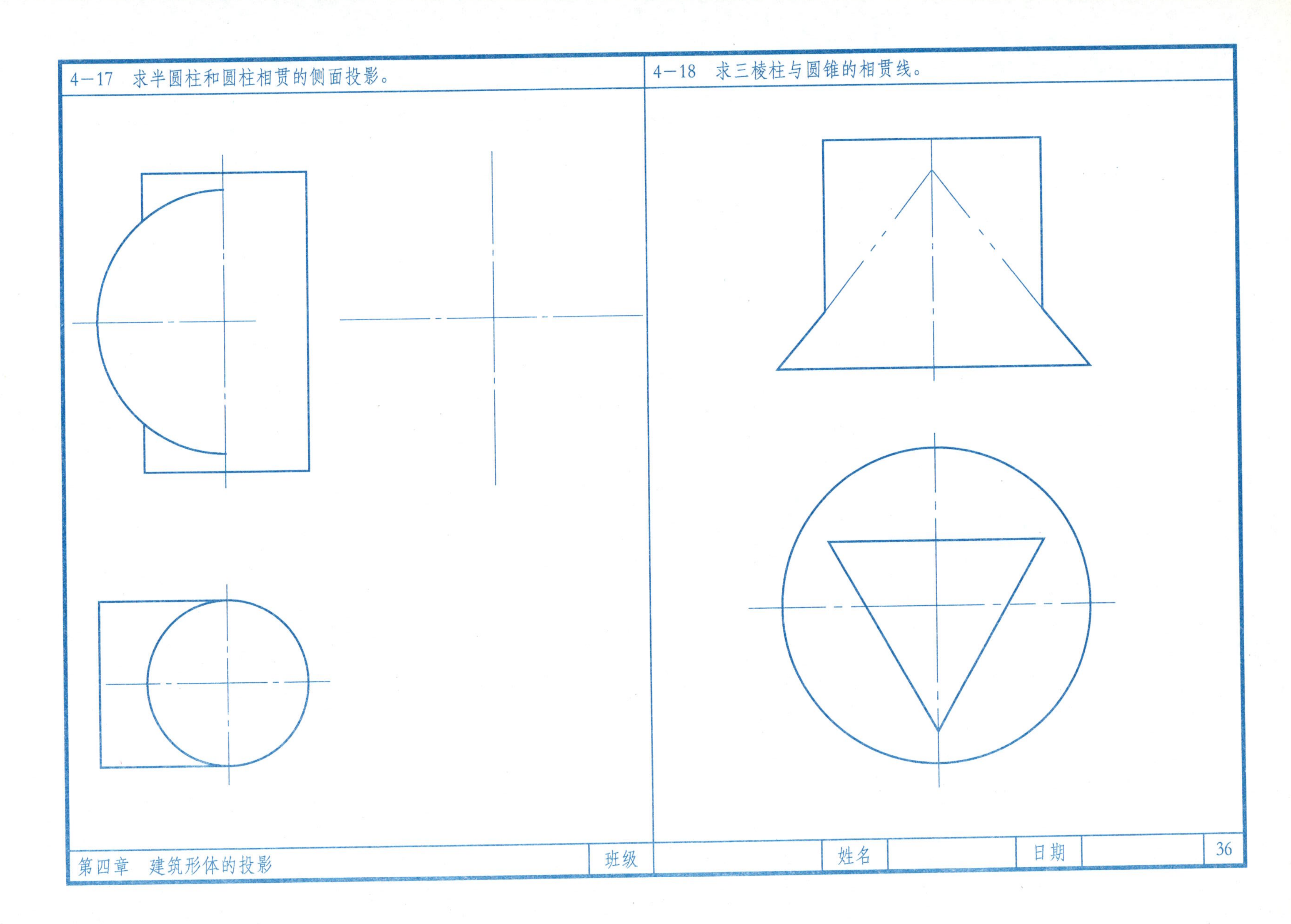

班级 姓名 日期

4—19　求两三棱柱相贯线的正面投影。

4—20　求两四棱柱的相贯线。

班级　　姓名　　日期

4—21 求四棱柱与三棱锥的相贯线。

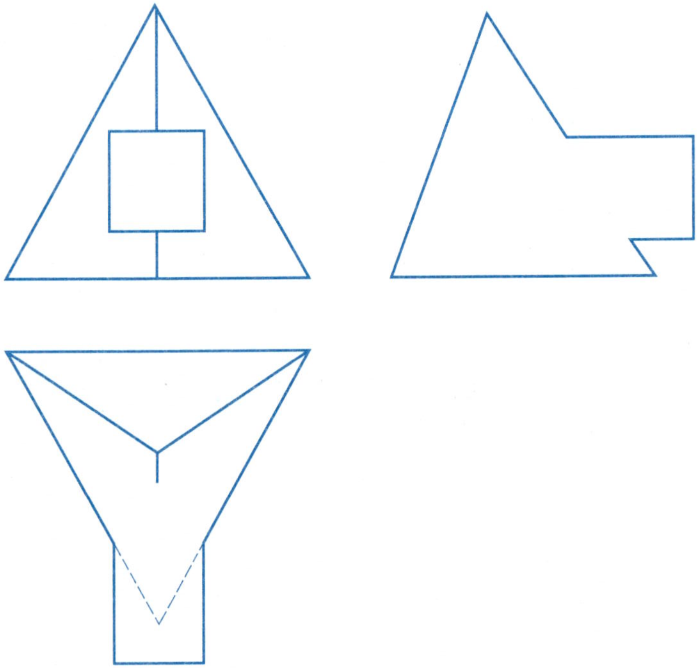

4—22 求半球与四棱柱的相贯线。

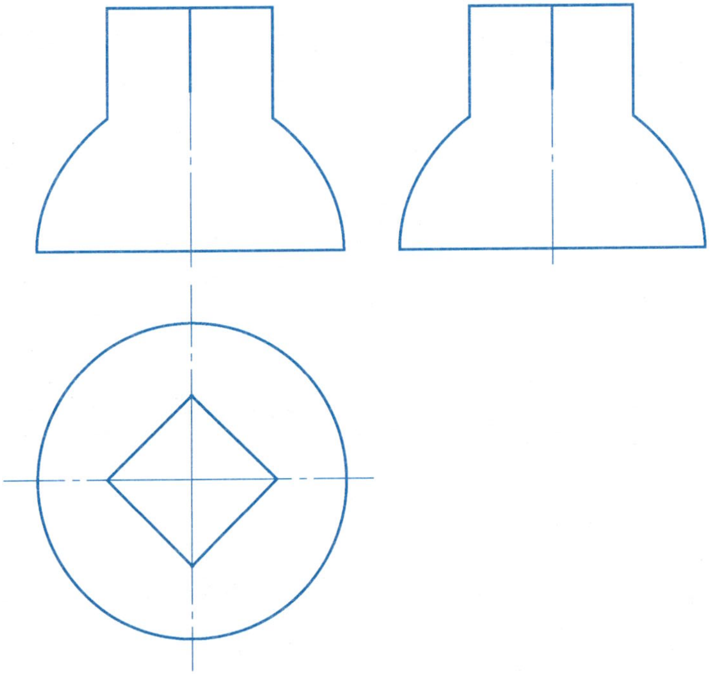

班级 姓名 日期

4—23　求两屋面交线的水平投影。

4—24　求四棱柱与六棱锥的相贯线。

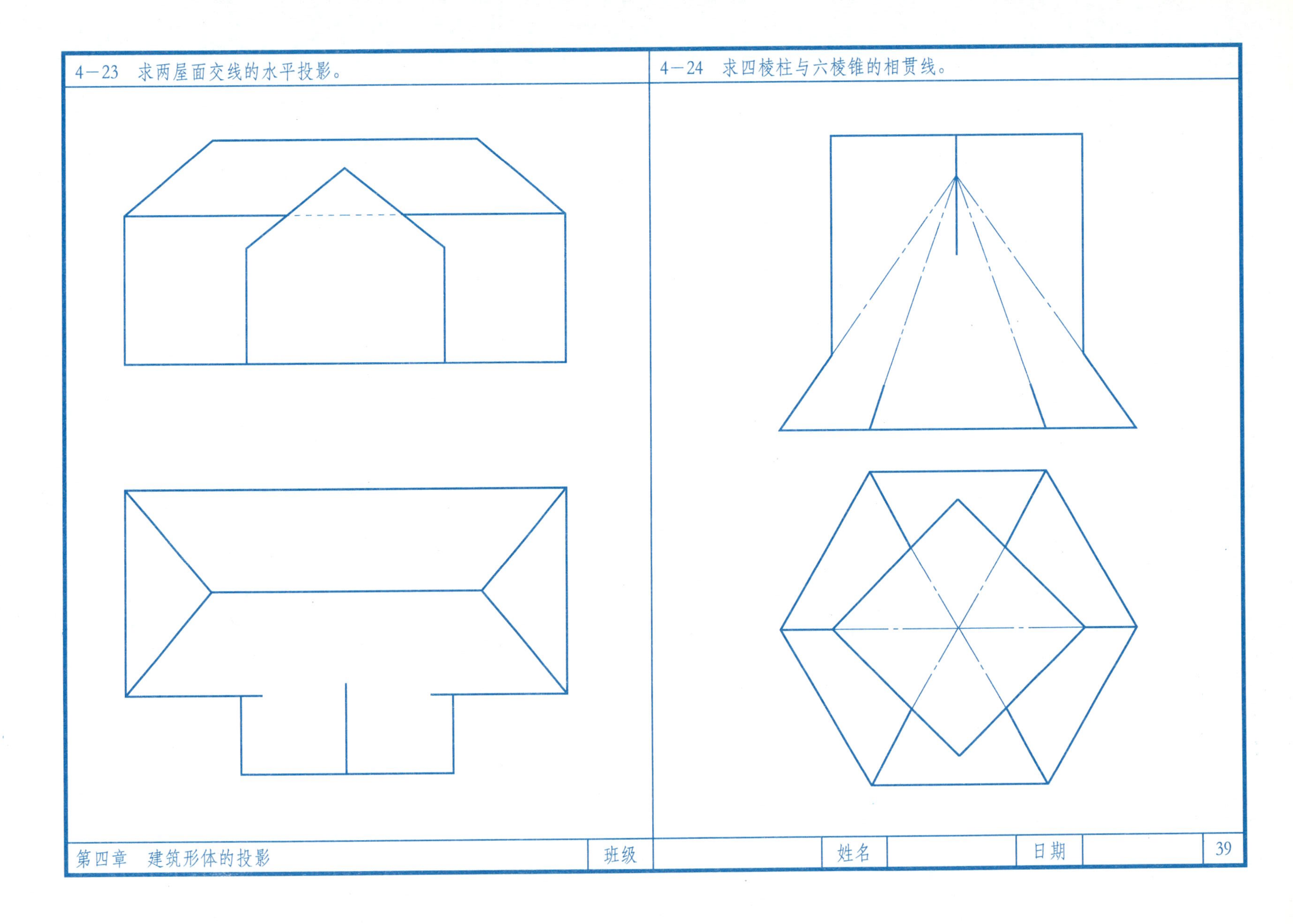

4－25　作半圆拱屋面与坡屋面的交线，并补全这个房屋模型的H面投影。

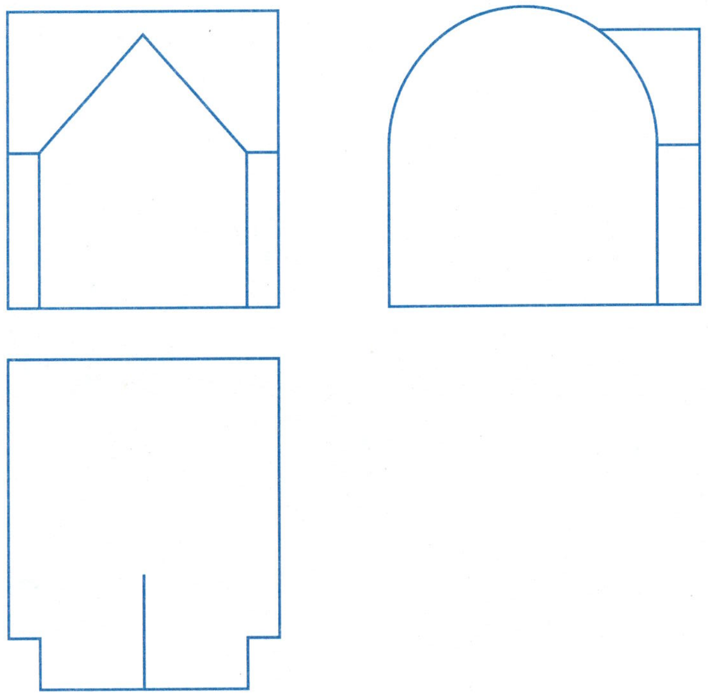

4－26　已知两斜交异径圆柱的投影，求作相贯线。

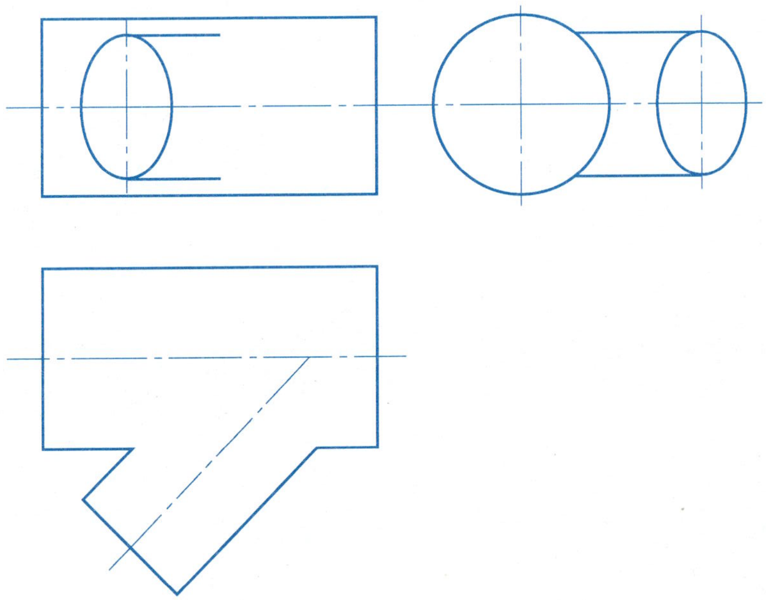

4-27 补全下列形体的第三投影。

(1)

(2)

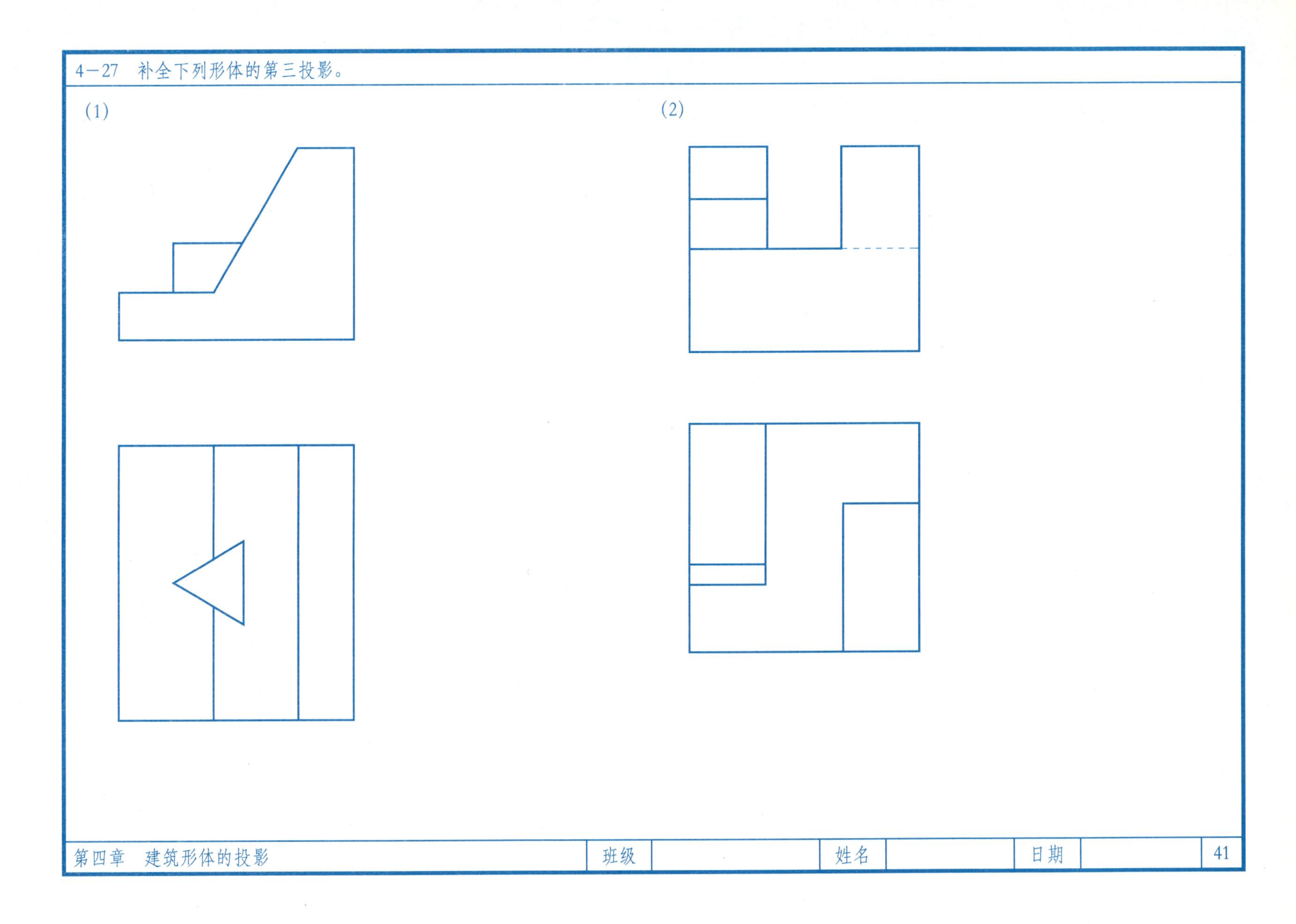

班级		姓名		日期	

5-1　画出平面体的正等轴测图。

5-2　补全形体的投影图，并画出正等轴测图。

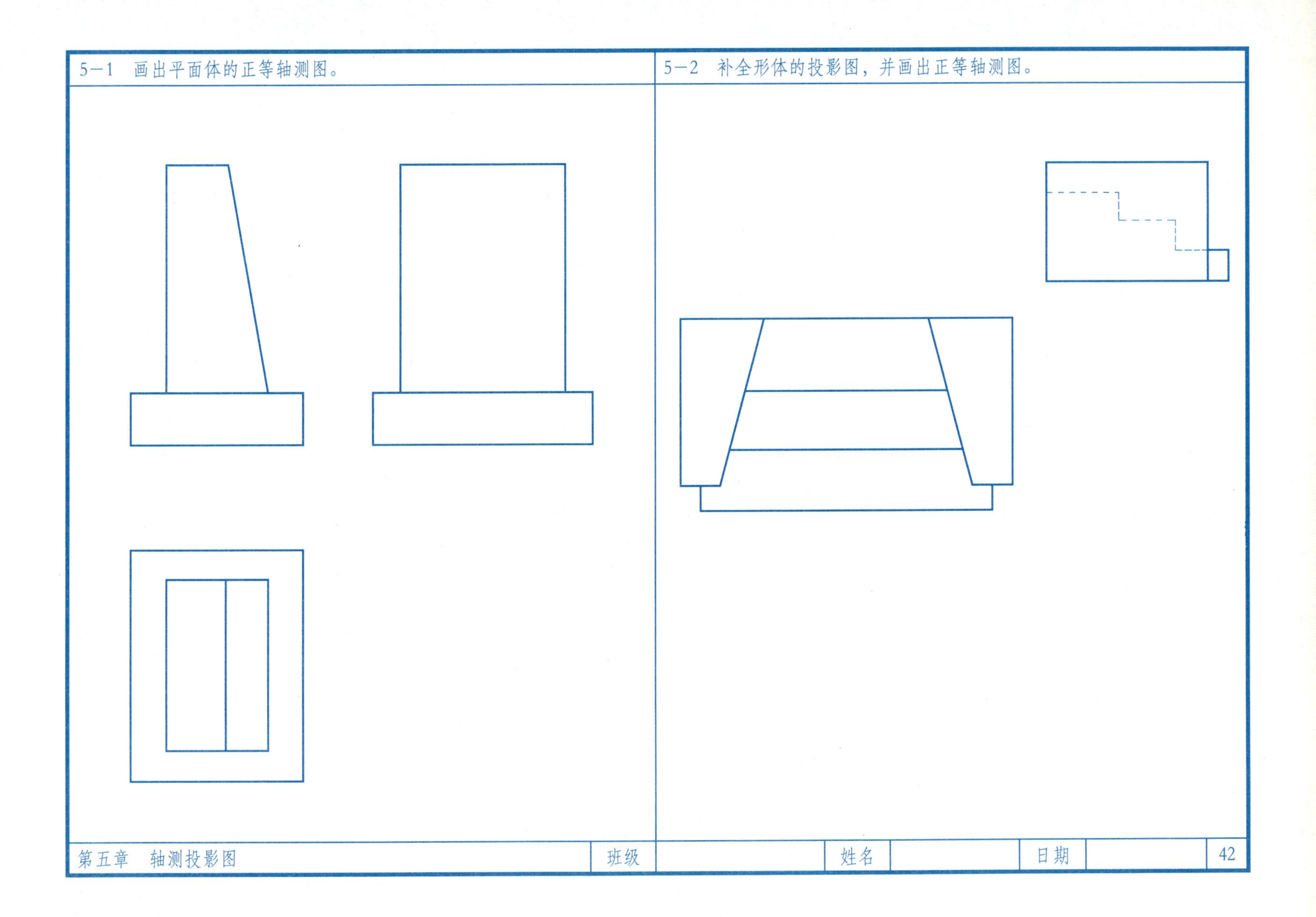

5—3 画出曲面体的正等测图。

(1)

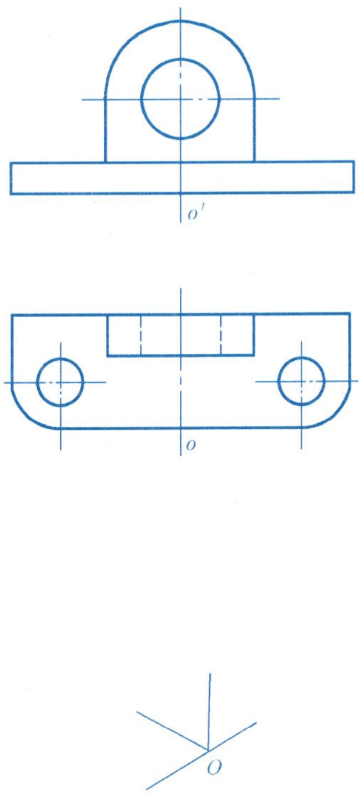

o'

o

O

(2)

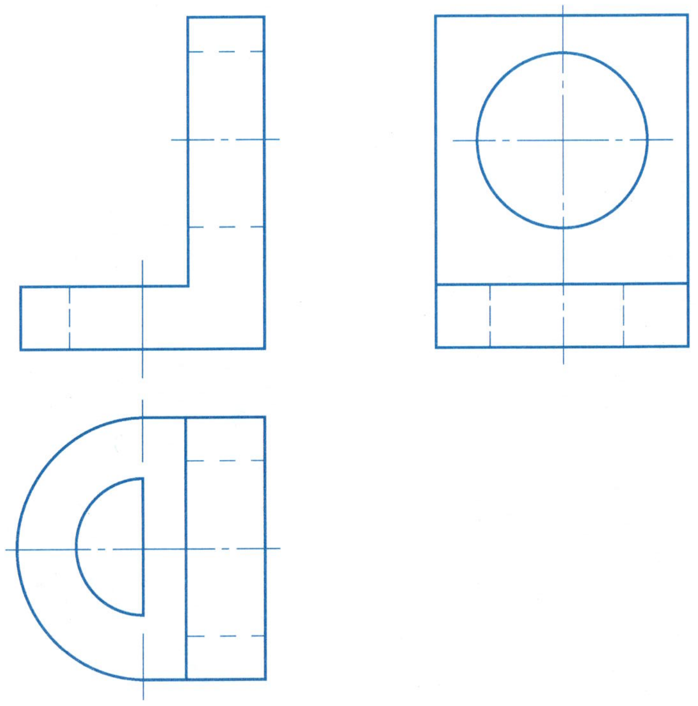

5－4　根据下列视图，画出休息亭的正等测图。

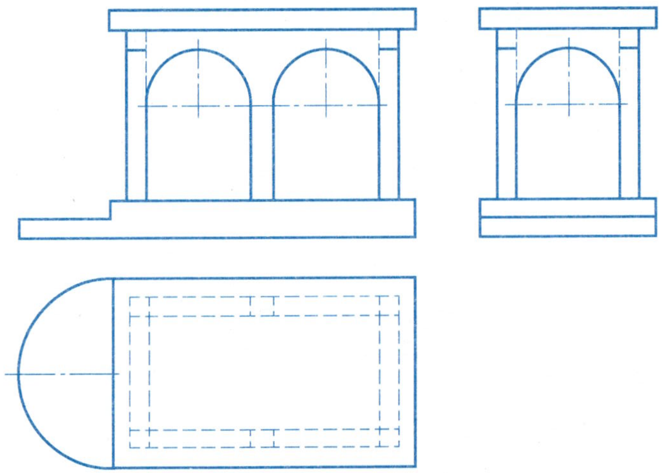

5－5　作三棱锥截切后的斜二测图。

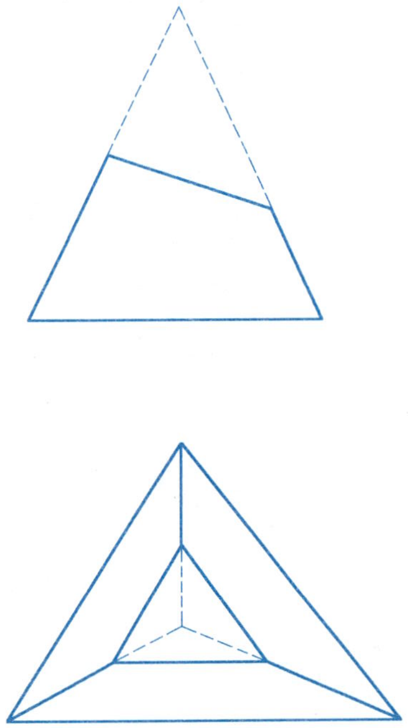

5–6 作形体的斜二测图。

(1)

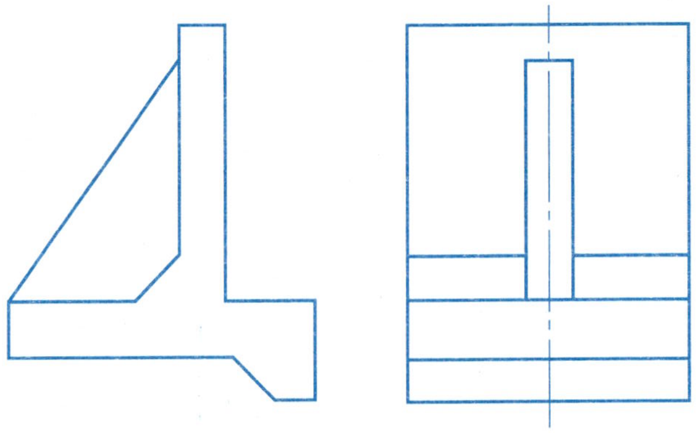

(2)

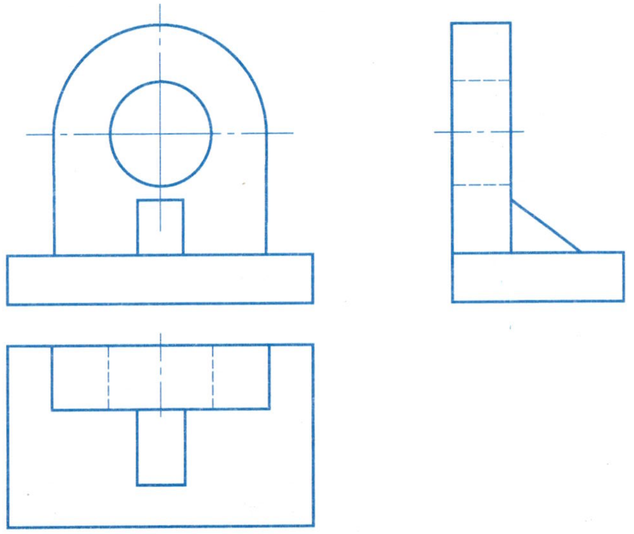

5—7 作被截切后圆柱体的斜二测图。

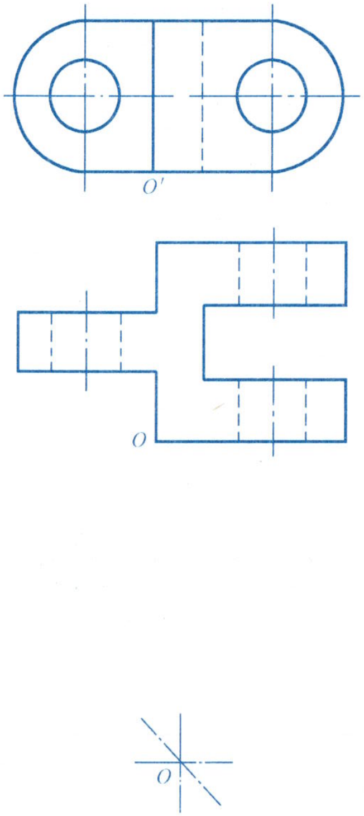

O′

O

O

5—8 作形体的斜二测图。

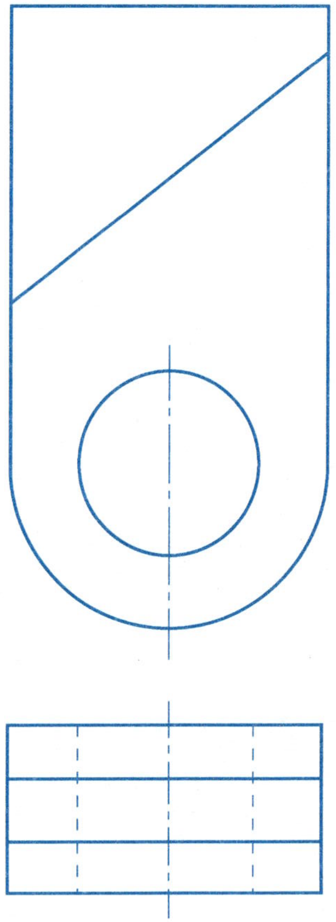

5—9 作单层房屋模型的正面斜等测图（门、窗都只画门洞、窗洞）。

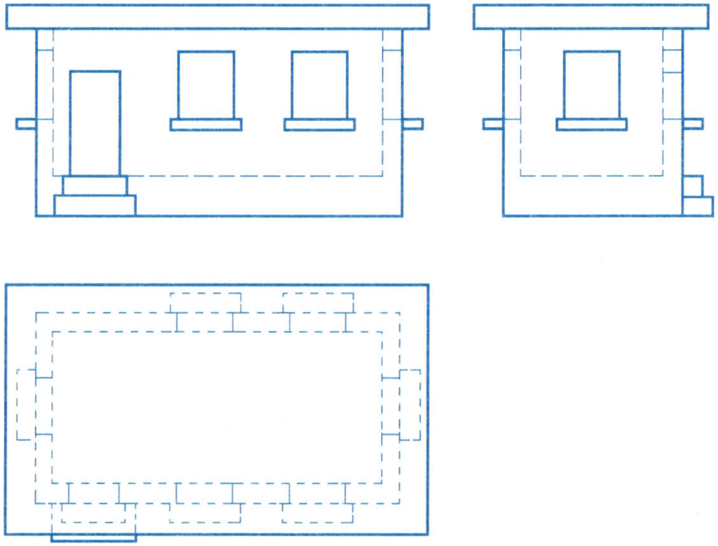

5—10 根据轴测图，画出三面投影图。

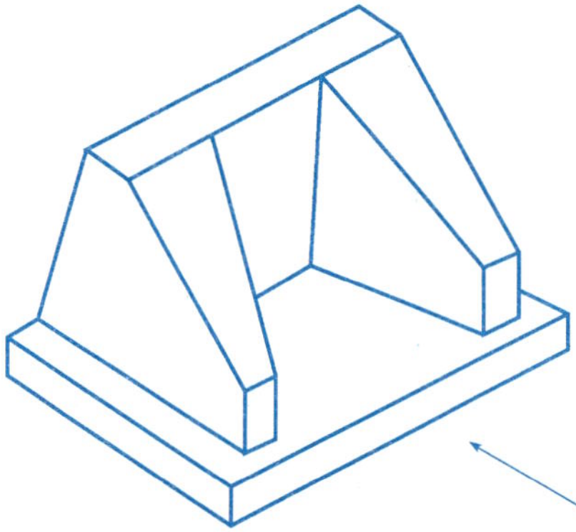

正面

5—11 画轴测图。

要求：1.在A3图纸上抄绘两投影，补出第三投影，并画出轴测图。

2.三面图要标注尺寸。

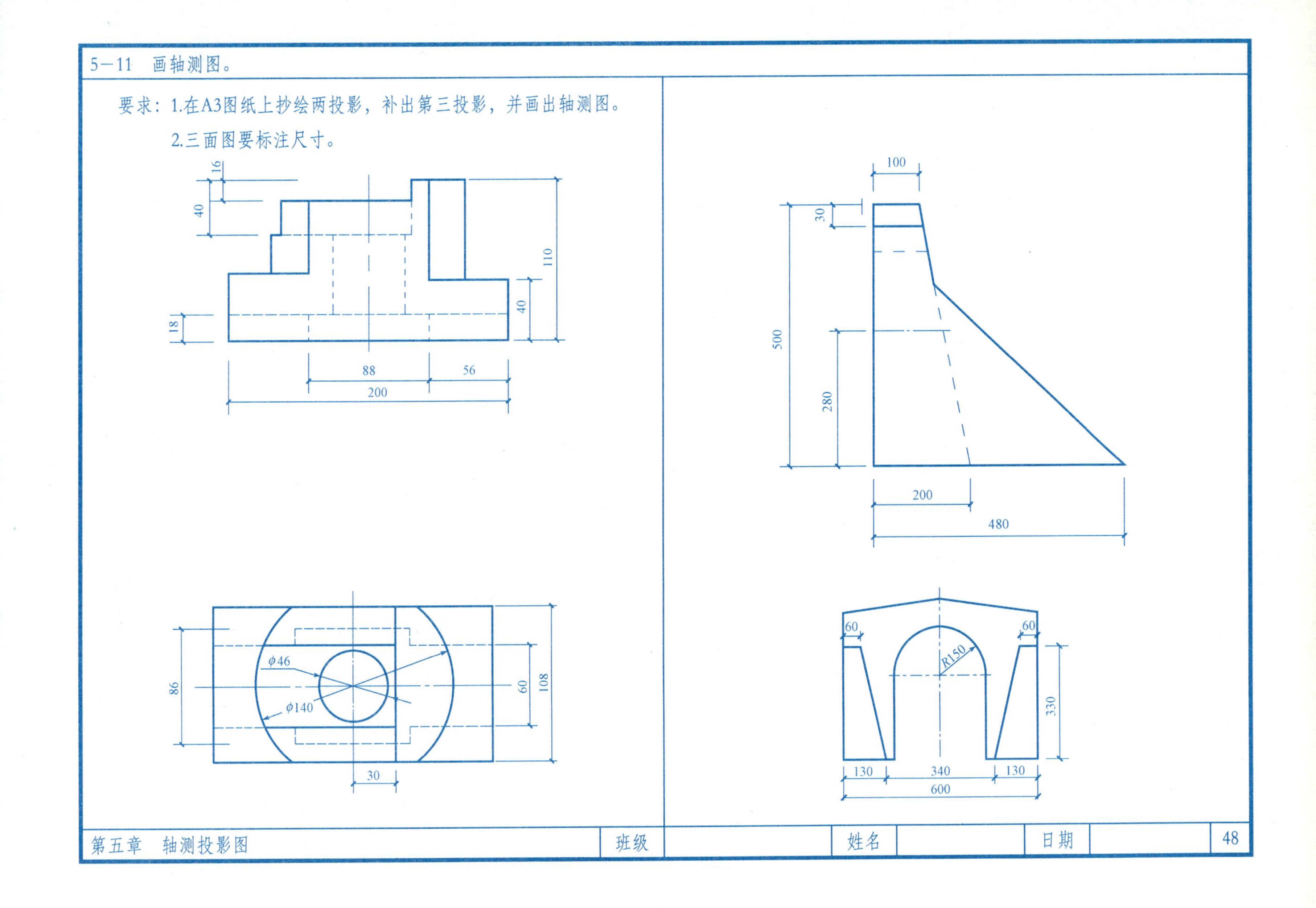

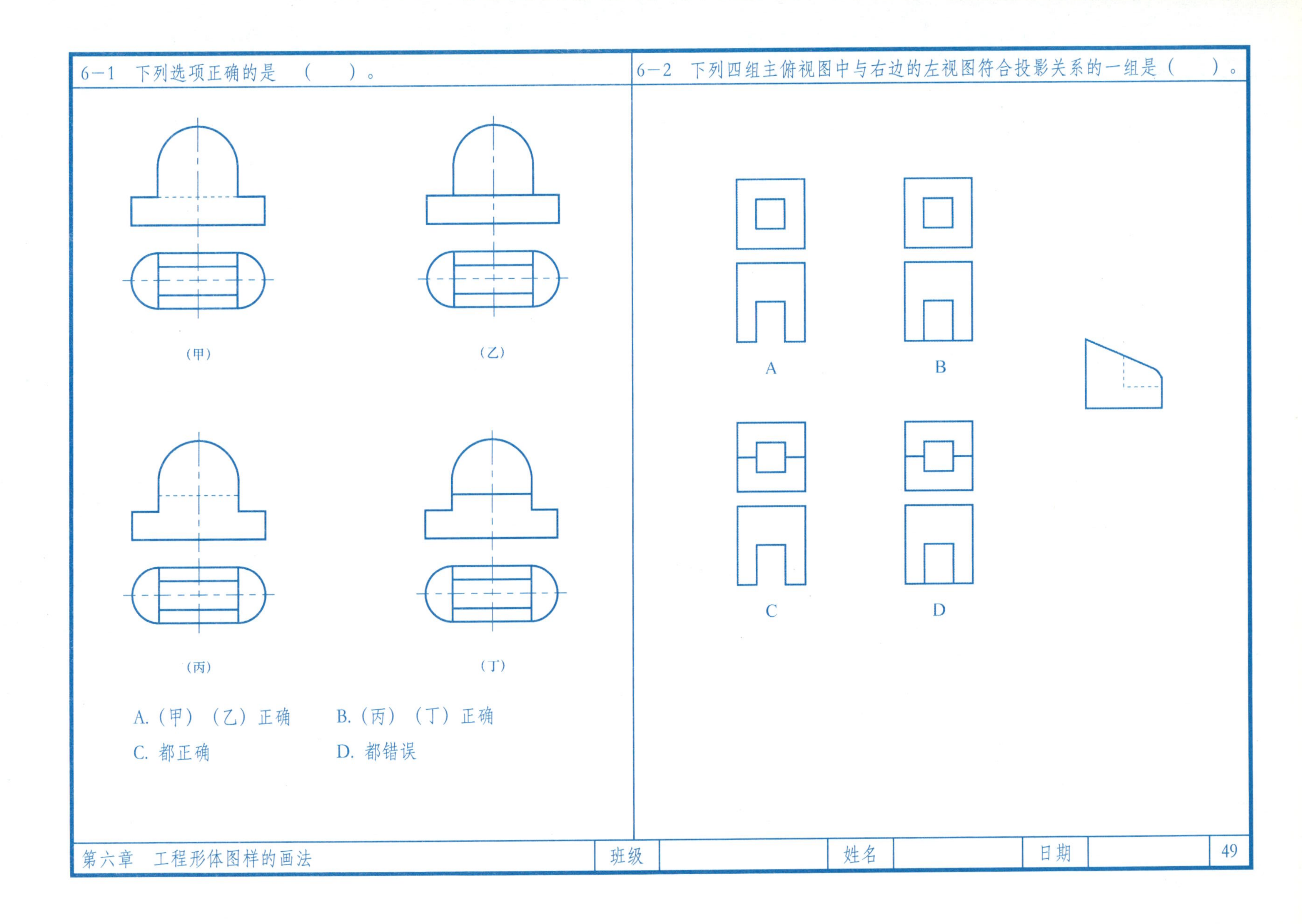
6-1 下列选项正确的是 （ ）。
（甲）
（乙）
（丙）
（丁）
A.（甲）（乙）正确
B.（丙）（丁）正确
C. 都正确
D. 都错误
6-2 下列四组主俯视图中与右边的左视图符合投影关系的一组是（ ）。
A
B
C
D
第六章 工程形体图样的画法
班级
姓名
日期
49

6—3 根据相同的主俯视图，可以画出不同的左视图，指出下列图中哪个是错误的（　　）。

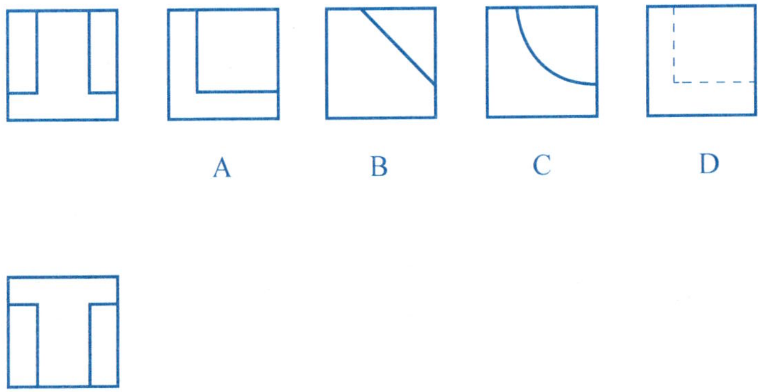

A　　B　　C　　D

6—4 选择正确的俯视图（　　）。

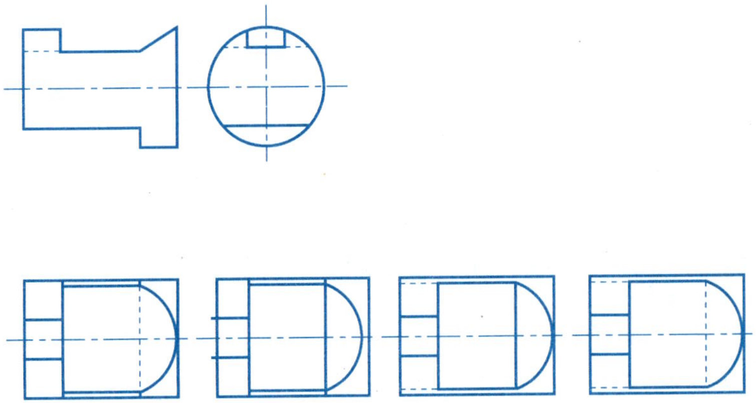

A　　B　　C　　D

6－5 试根据立体图，画出它的六个基本视图（各面尺寸由图中按1：1量取）。

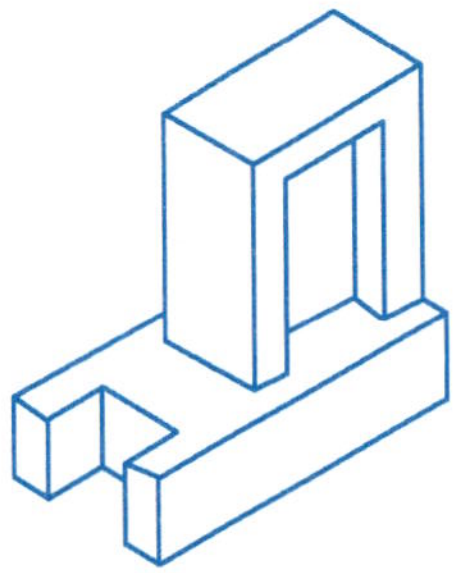

6—6 完成形体的左视图。

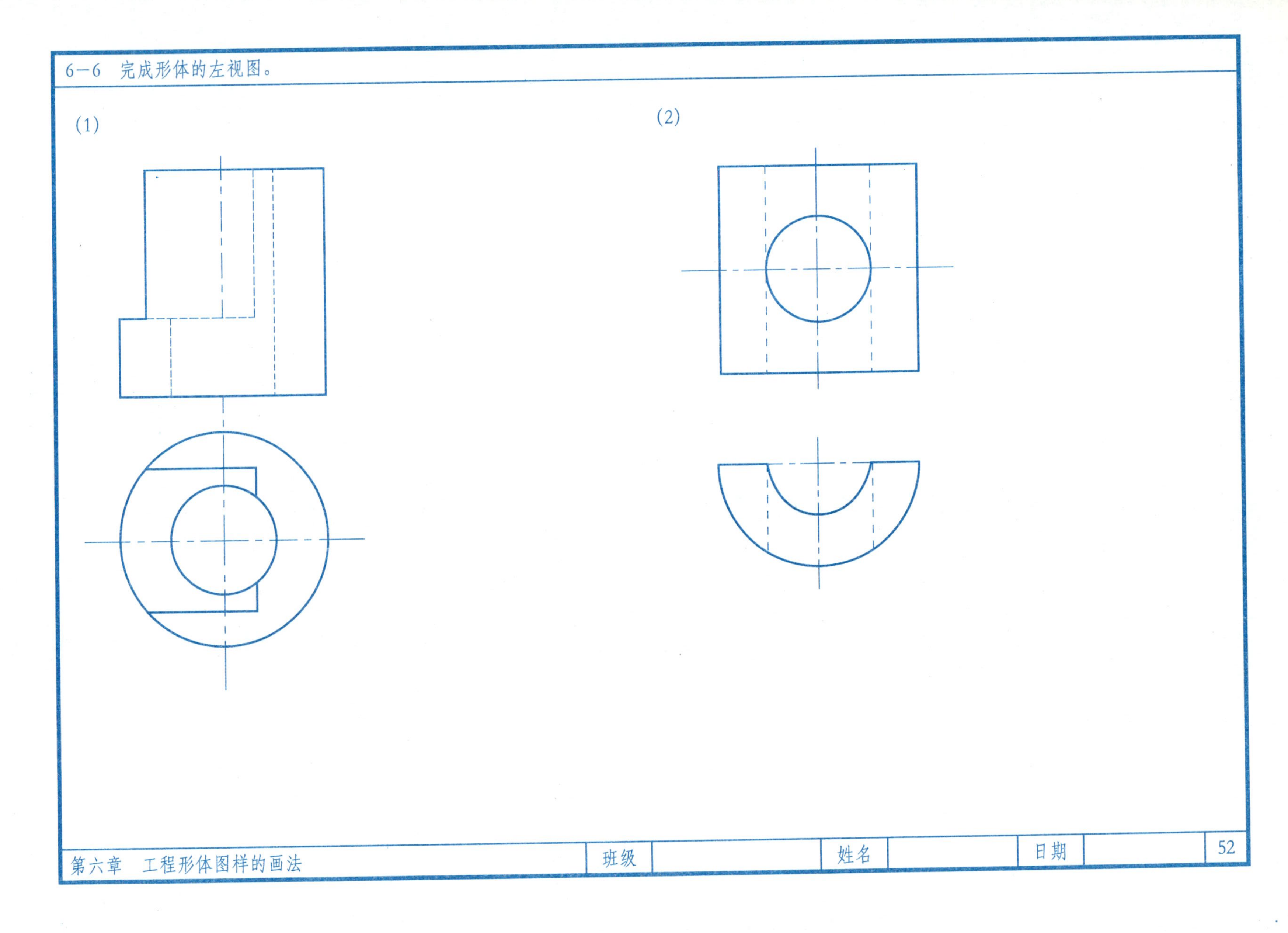

班级		姓名		日期	

6—7　补画图示形体的局部视图，并进行标注。

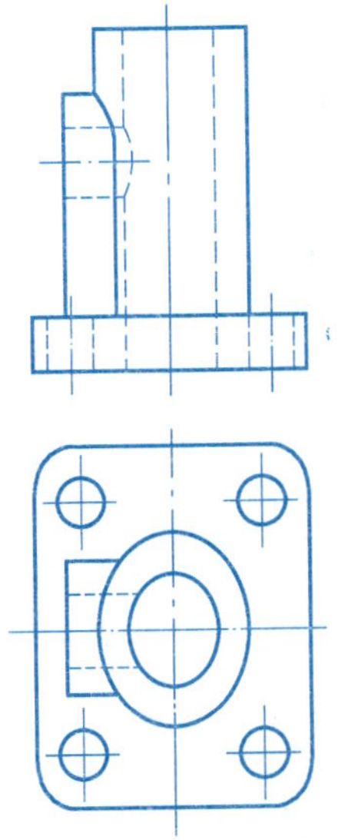

6—8　画出图示形体的五面视图（除仰视图之外），箭头为正视图方向，尺寸由图中量取。

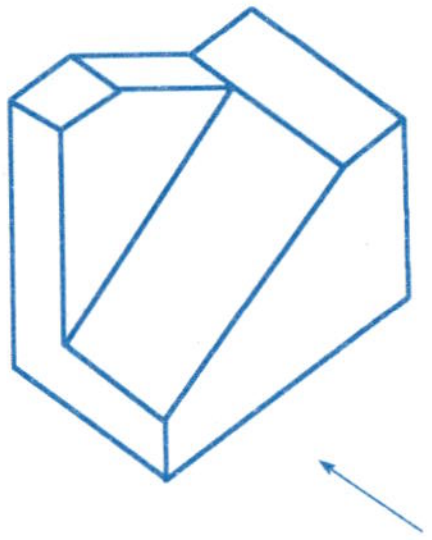

班级　　　　姓名　　　　日期

6—9 根据左侧的视图，在右侧将主、俯视图画成局部剖视图。

(1)

(2)

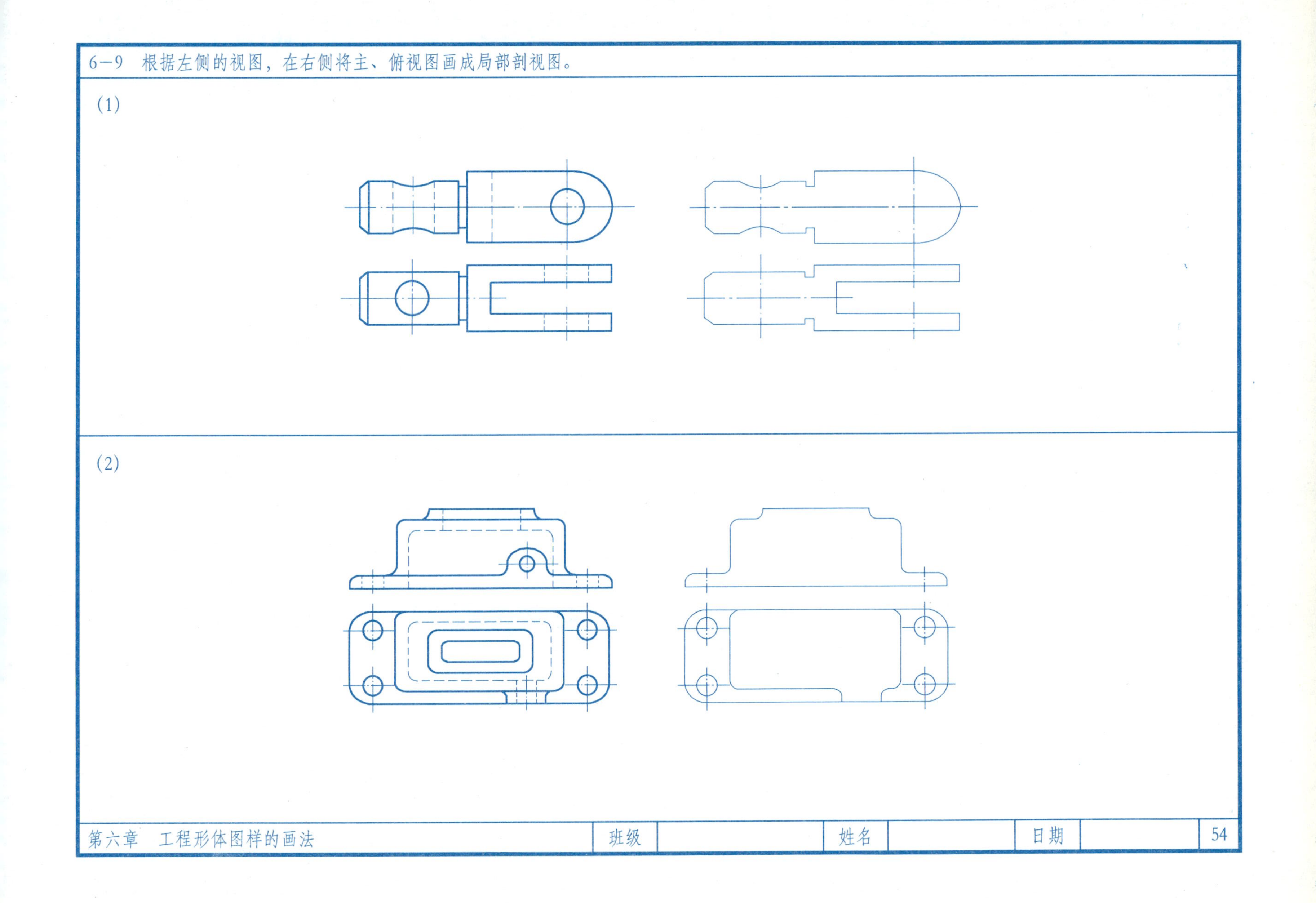

6—10 看懂结构将主视图画成全剖视图。

6—11 在指定位置把主视图画成全剖视图。

6—12 补全下列剖面图中所缺的图线。

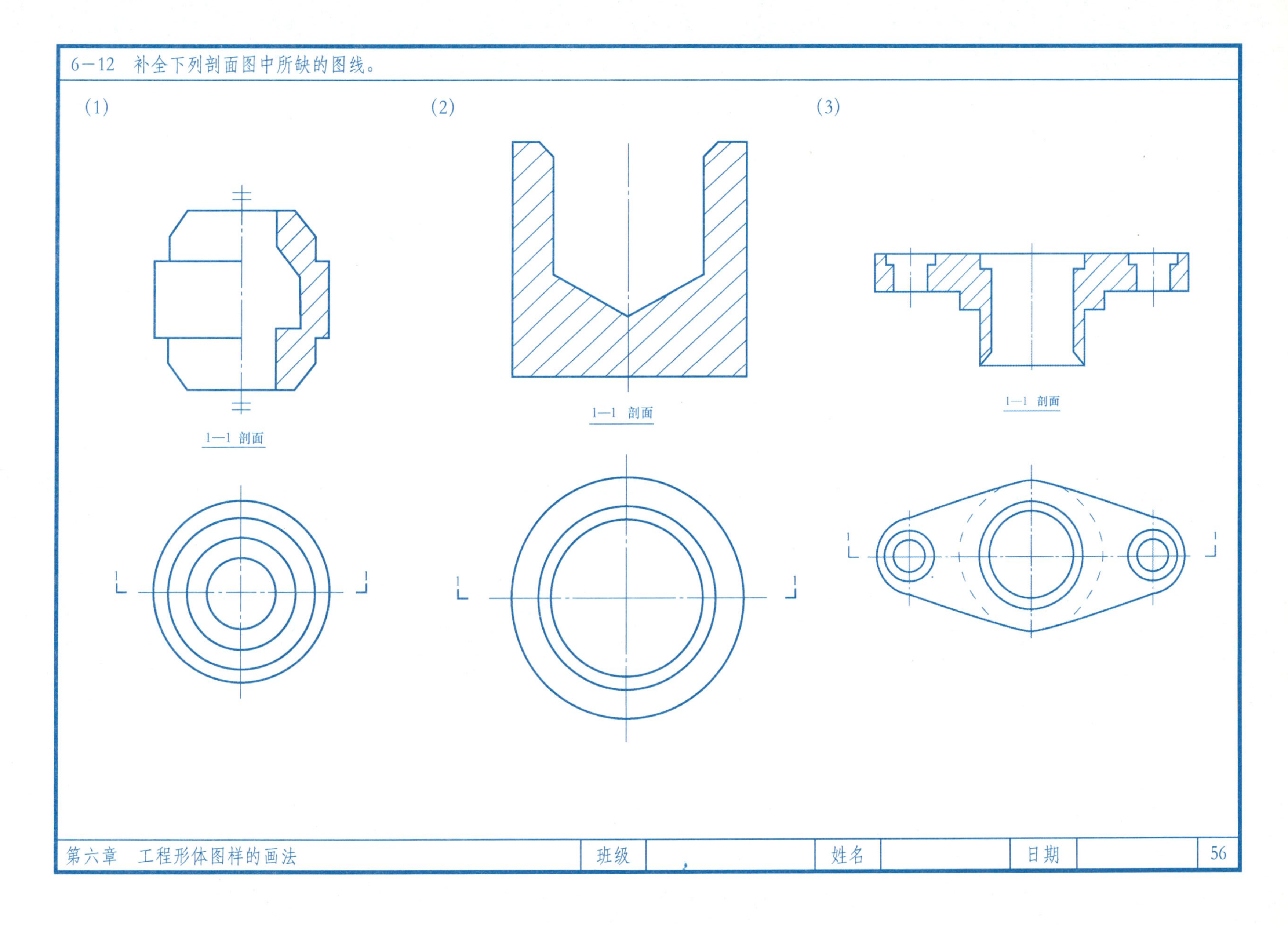

6-13 画出形体的1—1剖面图。

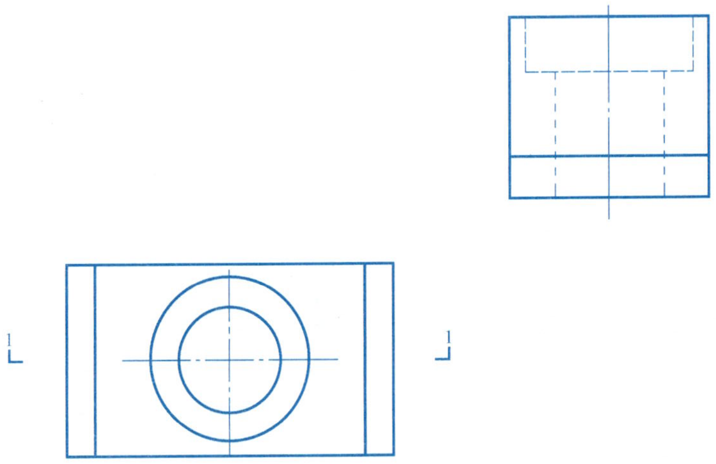

1 1

6-14 作形体的1—1剖面图。

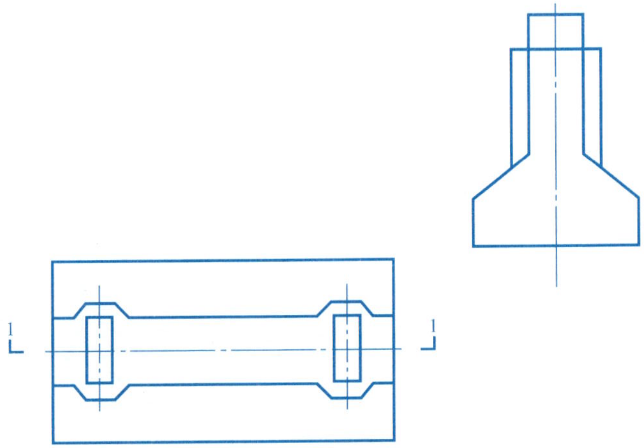

1 1

班级 姓名 日期

6—15　作形体的a—a剖面图。

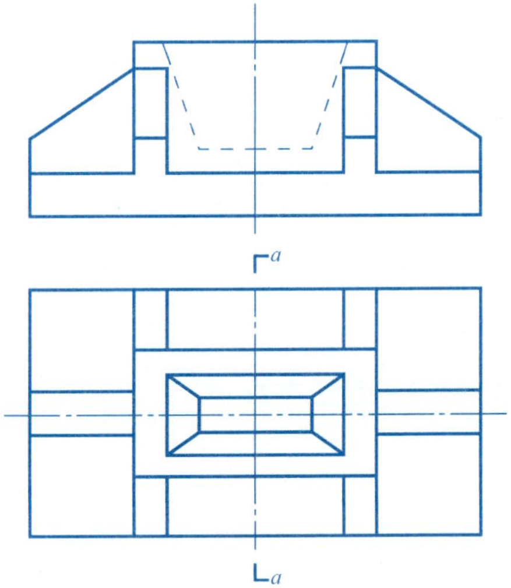

a a

a—a剖面

6-16 作下图的2—2剖面图。

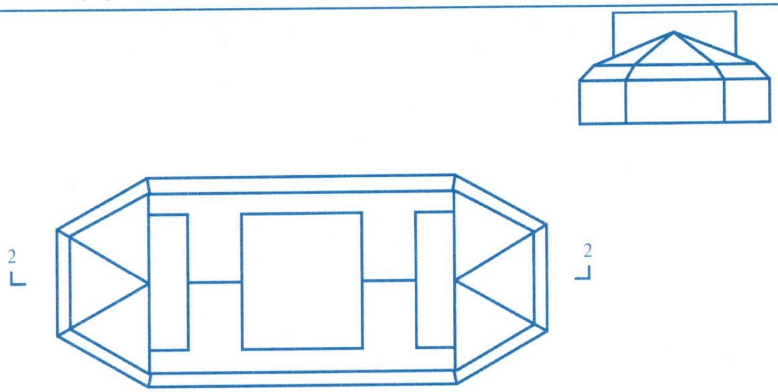

2 2

2—2剖面

6-17 作下图的1—1剖面图。

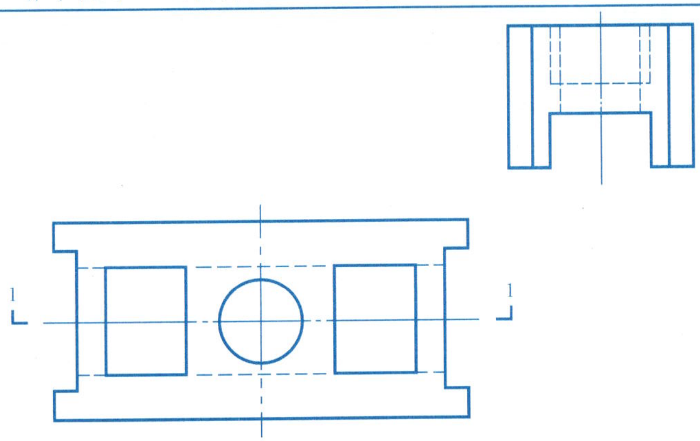

1 1

1—1剖面

班级 姓名 日期

6—18　作1—1、2—2剖面图。

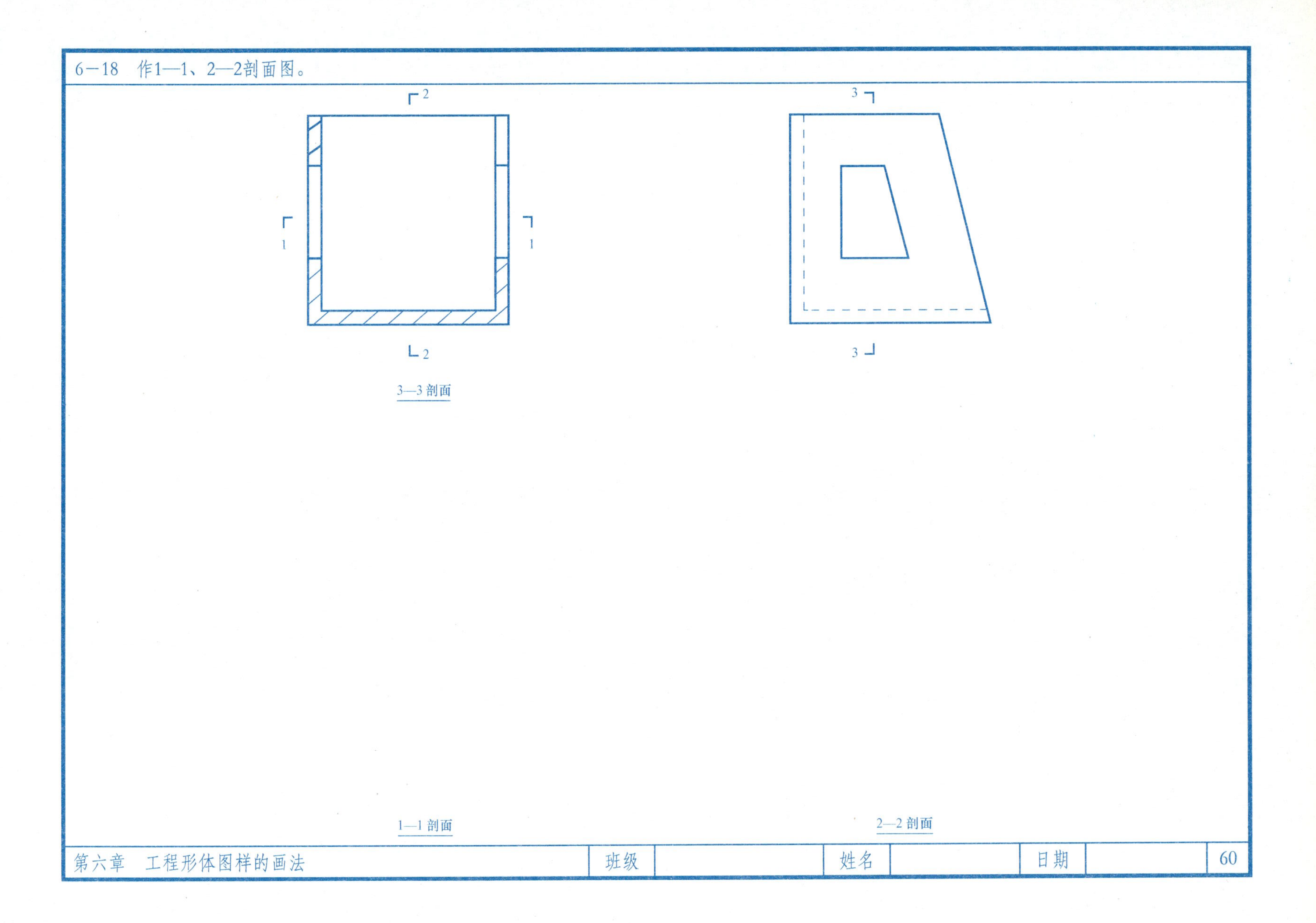

6-19 作2—2、3—3剖面图。

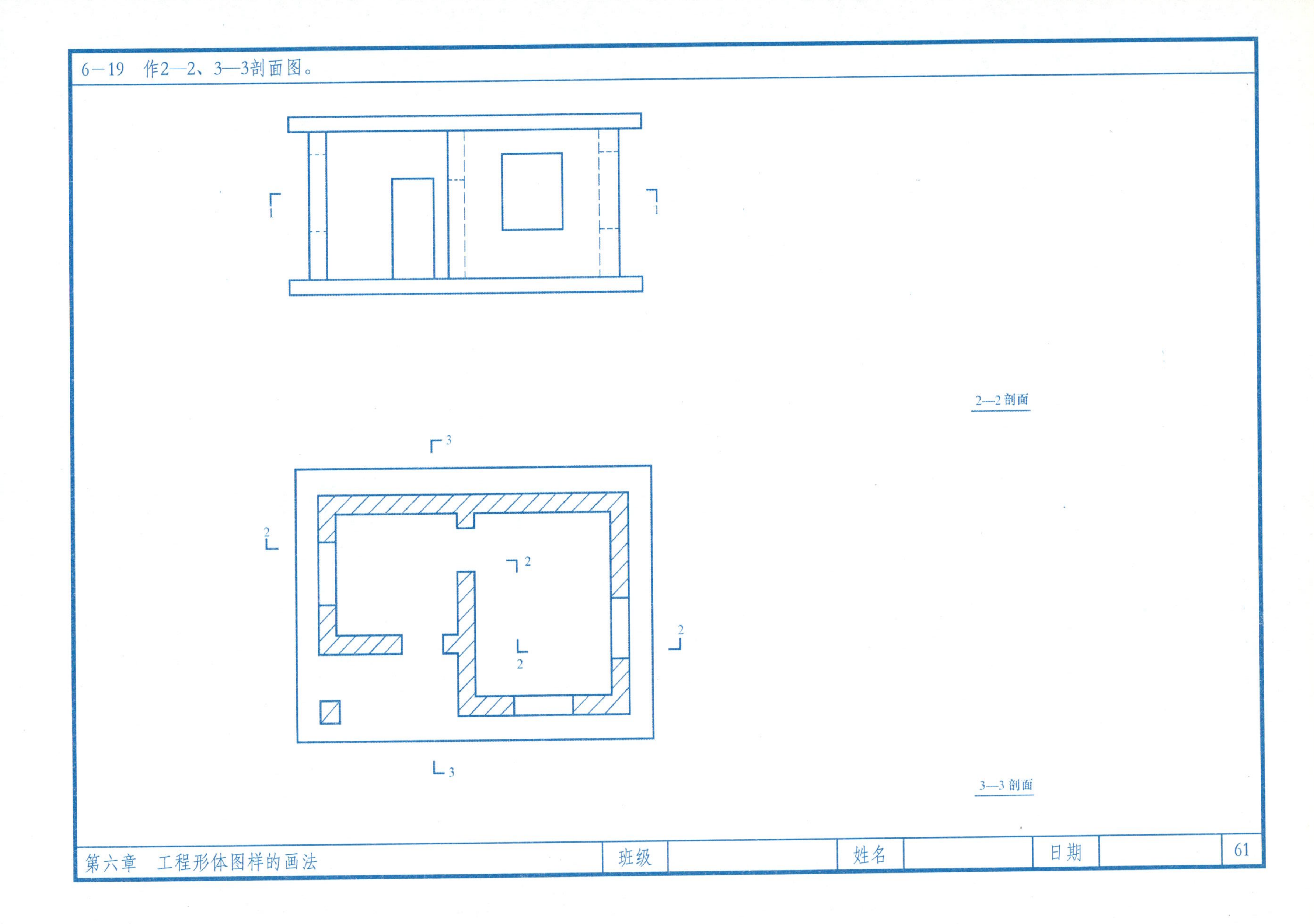

6—20　绘出1—1剖面图。

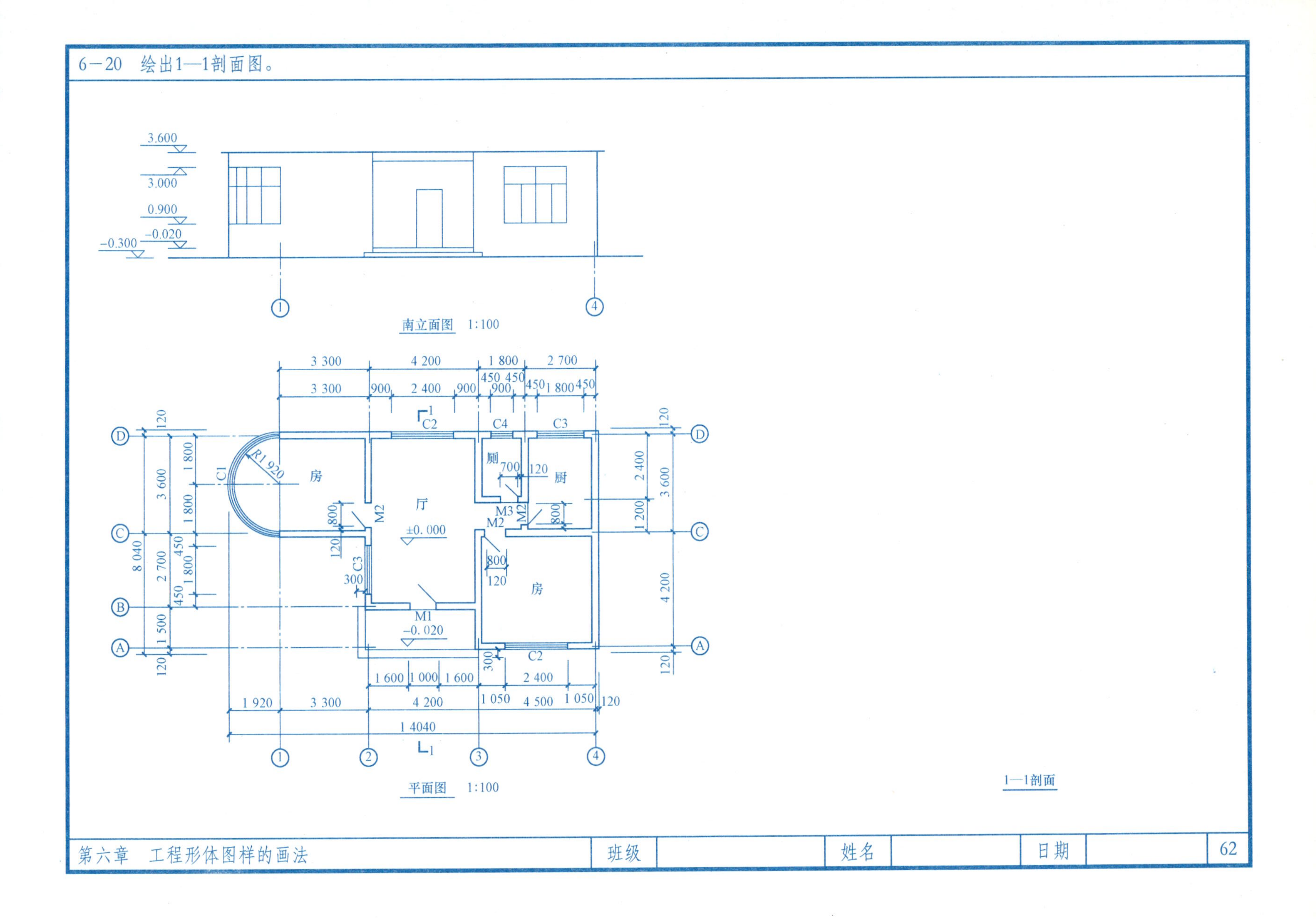

3.600
3.000
0.900
-0.020
-0.300
南立面图　1:100
3 300
4 200
1 800
2 700
900
2 400
450
1 800
C1
C2
C3
C4
R1 920
房
厅
厕
厨
M1
M2
M3
±0.000
-0.020
8 040
3 600
1 500
120
300
1 600
1 000
1 050
4 500
1 920
1 4040
平面图　1:100
1—1剖面

6—21 剖面图。

要求：1.阅读下图中所给的两面投影图，并想象出物体的空间形状。

2.将幅面为A3的图纸分为两栏，每题占一栏。

3.根据给出的两面投影图，作出适当的三面投影图。

4.按要求作剖面图。

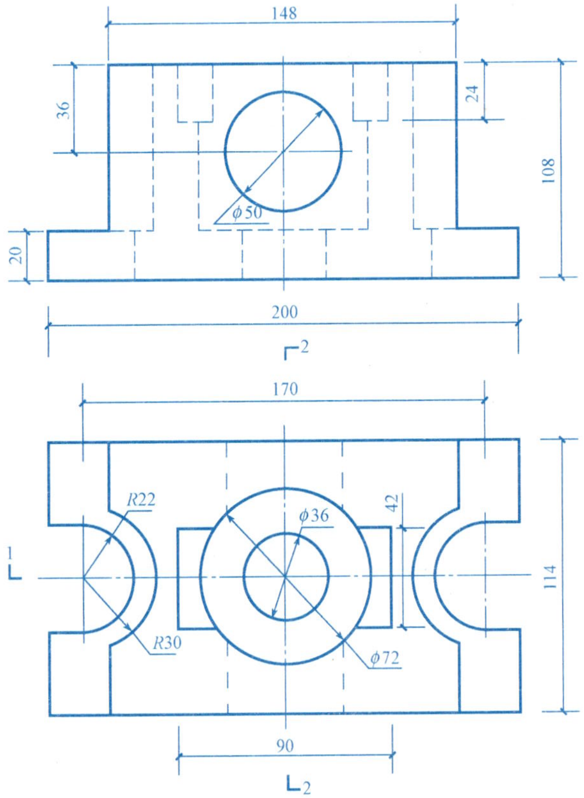

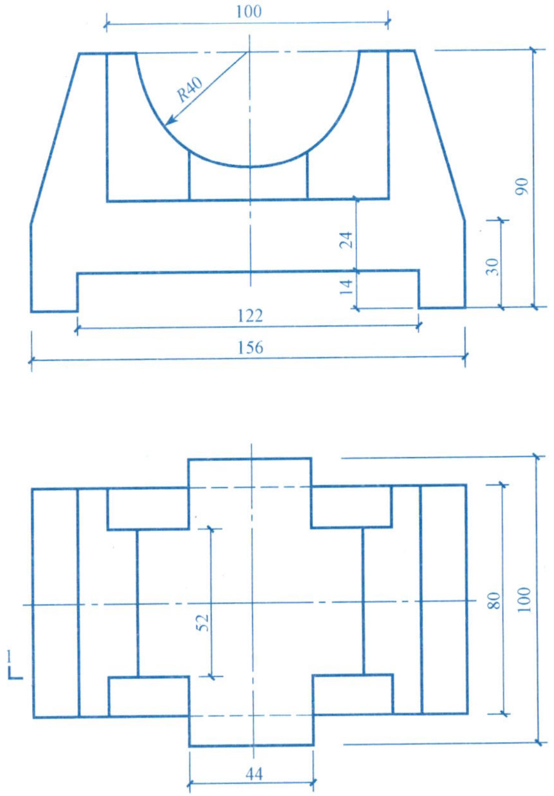

6-22 作1—1、2—2剖面图。

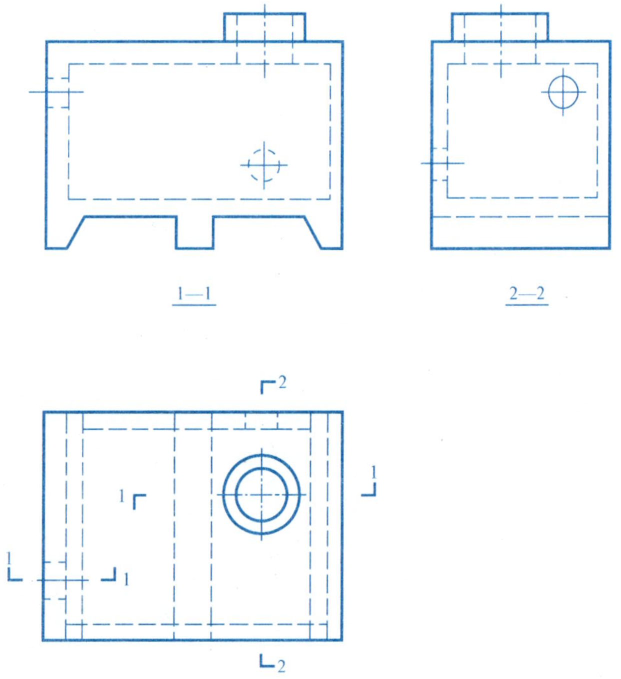

1—1

2—2

6-23 作指定位置的断面图。

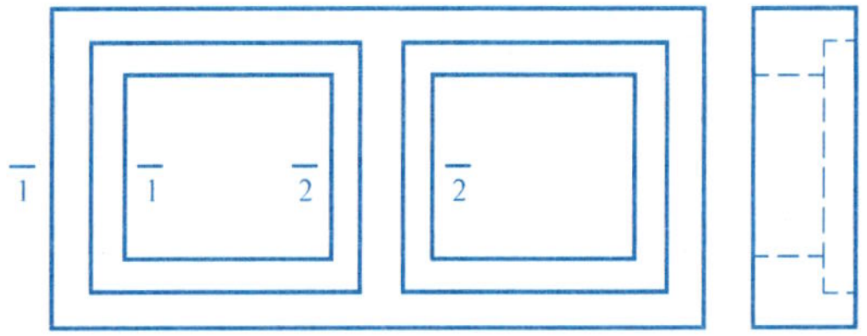

6－24　作出指定剖切位置的断面图。

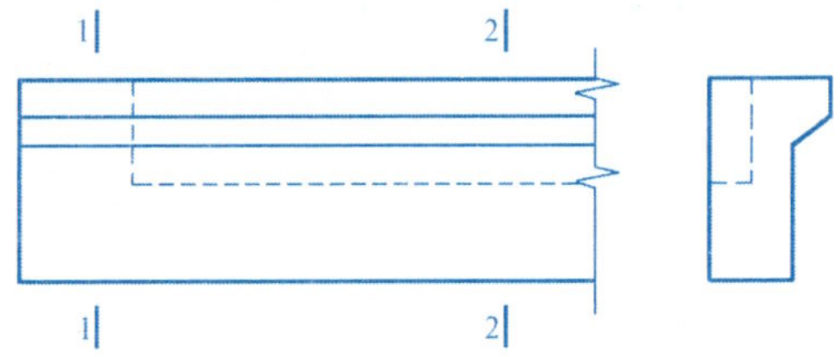

1 2

1 2

1—1　　2—2

6－25　试根据以下视图，画出它的*A*—*A*、*B*—*B*断面图。

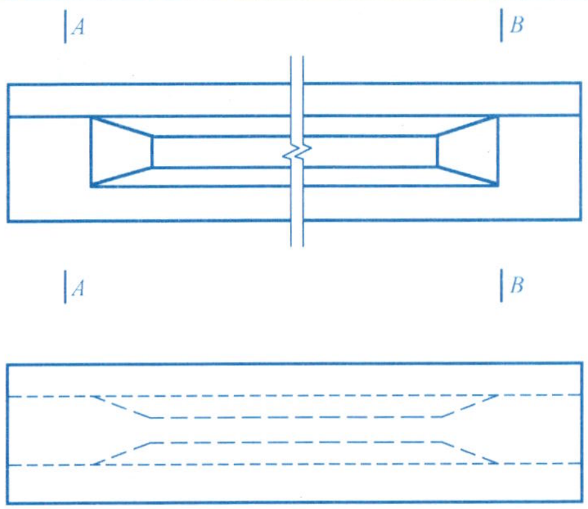

A *B*

A *B*

7－1　按给出的图样，按1∶1的比例画图。

7－2　按给出的图样，按1∶5的比例画图。

7—3　根据指定比例，在图样上标注尺寸。

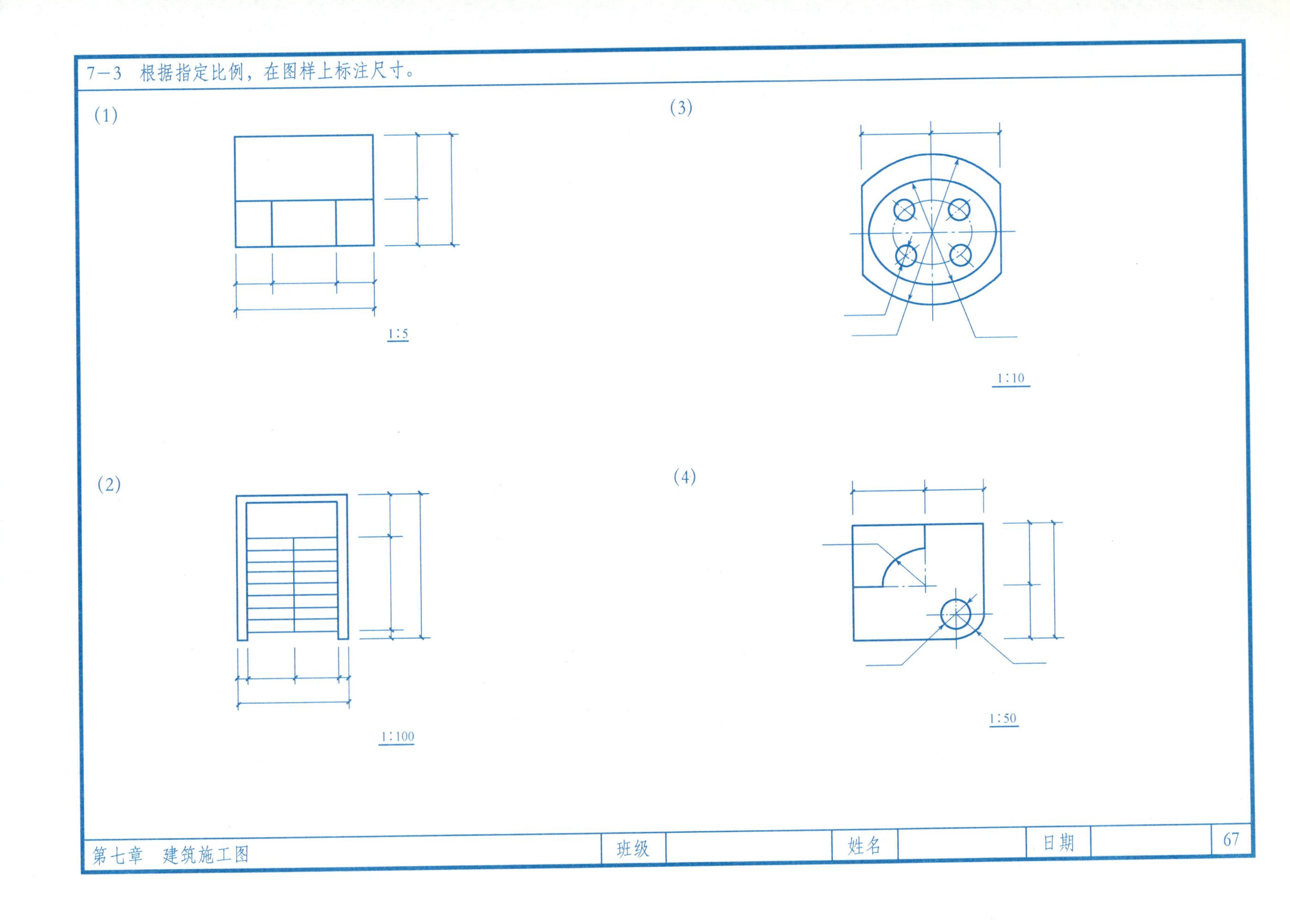

7－4　填写下列索引符号表示的含义。

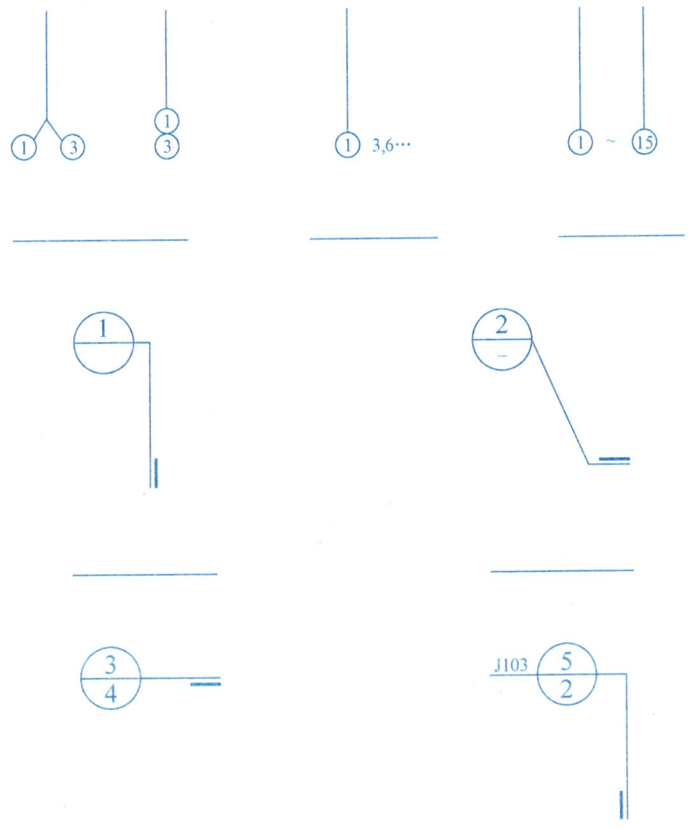

7－5　设窗洞的上沿距零点的高度为6 300 mm，下沿距零点的高度为4 500 mm，用标高符号标注窗洞上、下沿的标高，并在表中表明详图符号的用法。

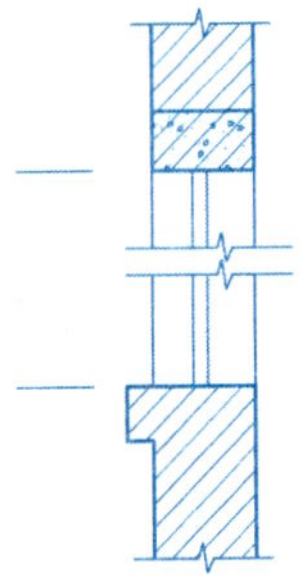

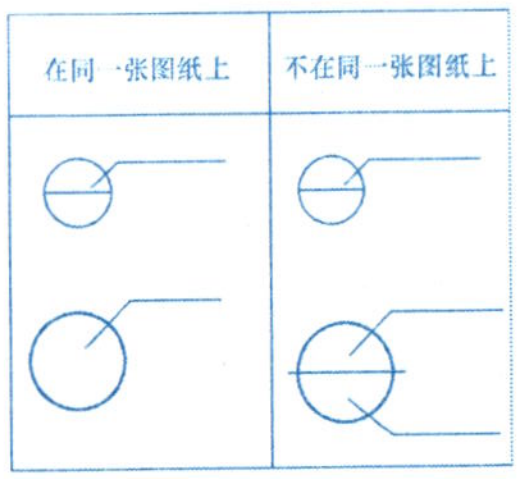

在同一张图纸上	不在同一张图纸上

7—6 识读平面图，补全图中轴线编号，标注尺寸并标注室内标高（标高为零）。

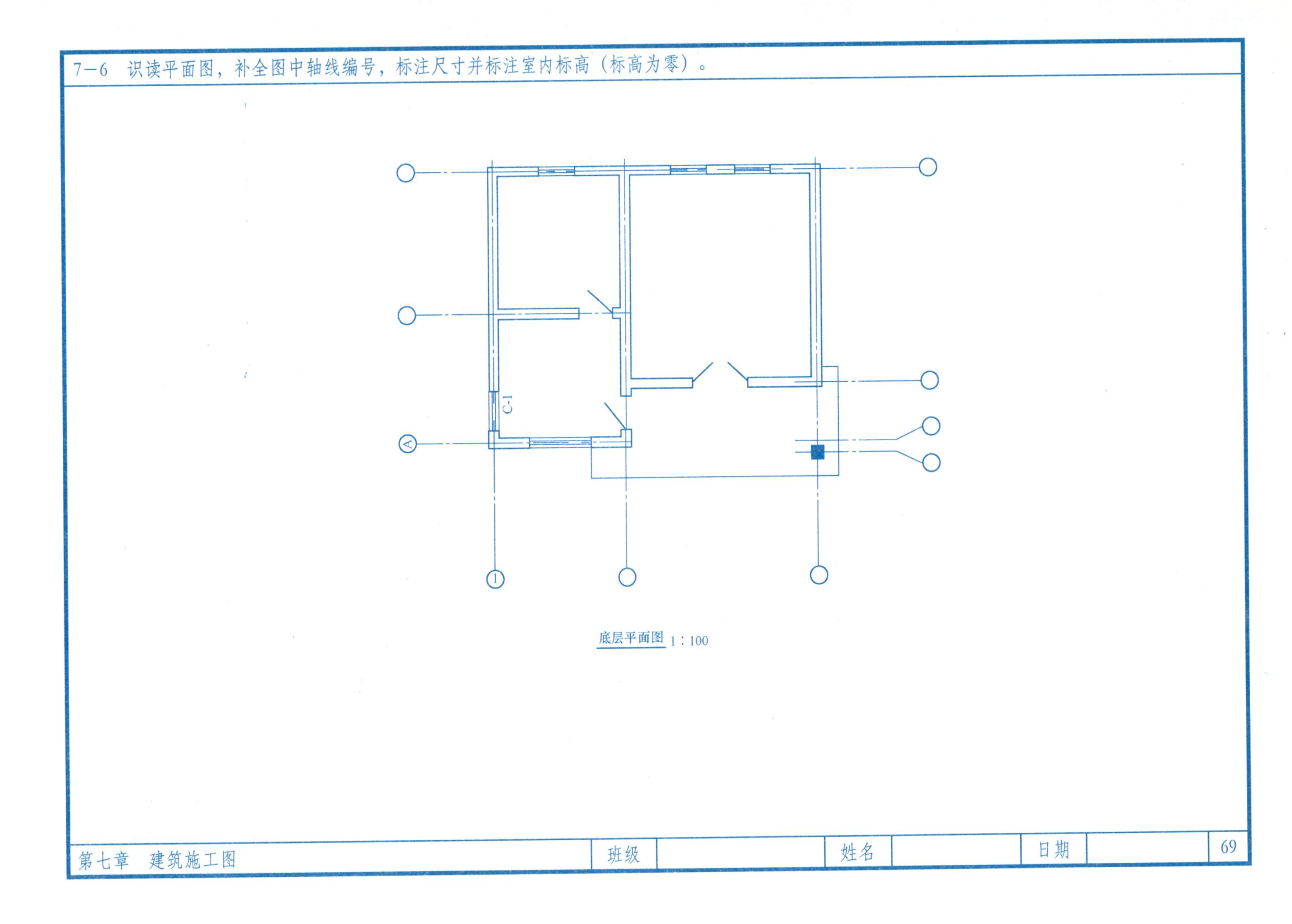

底层平面图 1∶100

7—7 根据楼梯剖面图，完成该楼梯的底层楼梯平面图及二层楼梯平面图，并标注尺寸和标高。

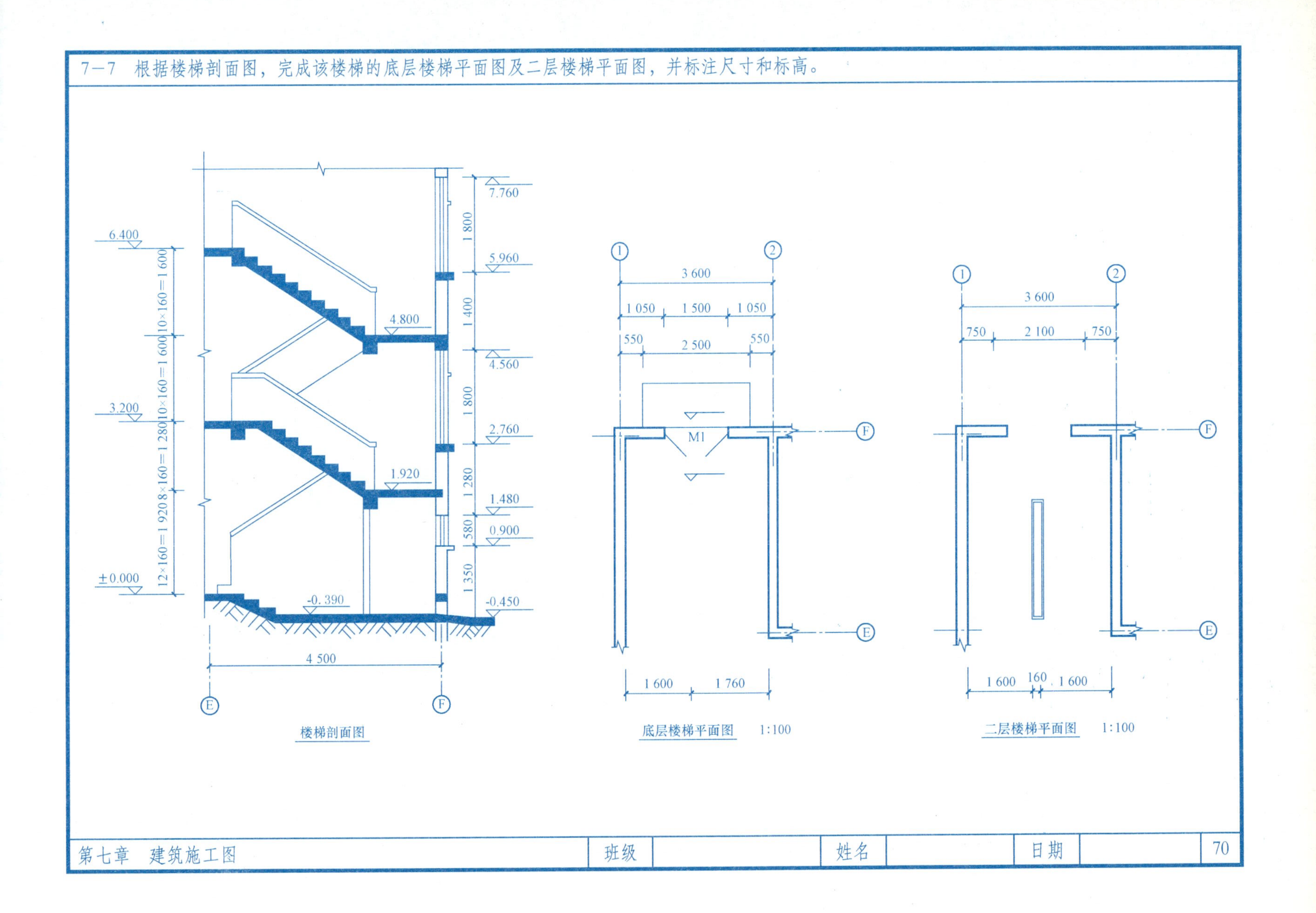

7—8 在A3幅面的图纸上，用1∶100的比例抄绘标准层平面图。

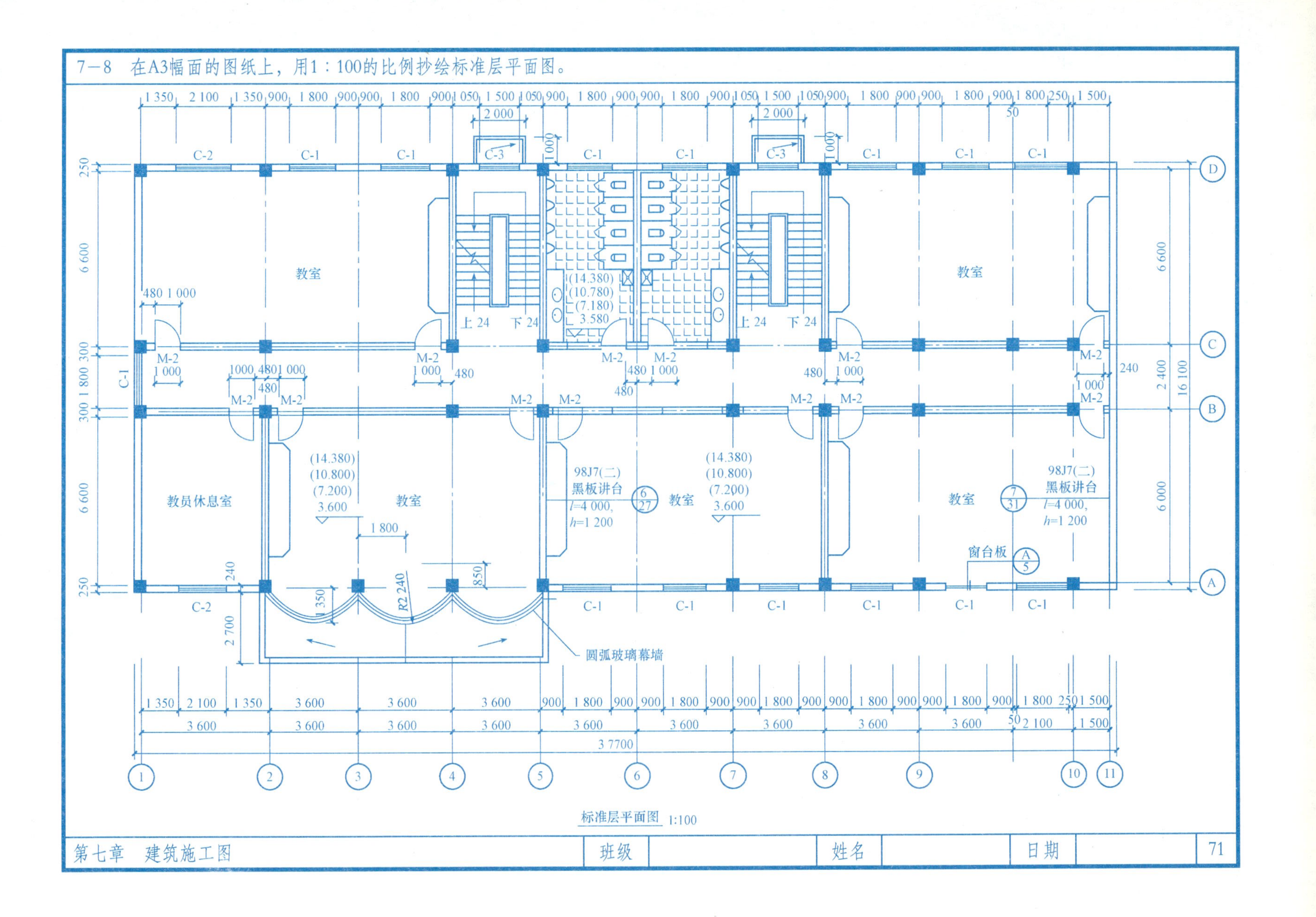

标准层平面图 1:100

7—9　建筑立面图填充题。

1. 在立面图中标注出相应的轴线编号。

2. 在立面图上标注出图中的标高（室内地面标高为±0.000，室内外高差600 mm，平台比室外地面高450 mm，住宅楼的层高为3 m，房屋总高10.2 m，窗台、窗顶分别高于楼地面900 mm、2 400 mm，阳台扶手比二层楼面高900 mm，层檐底面高于二层窗顶400 mm）。

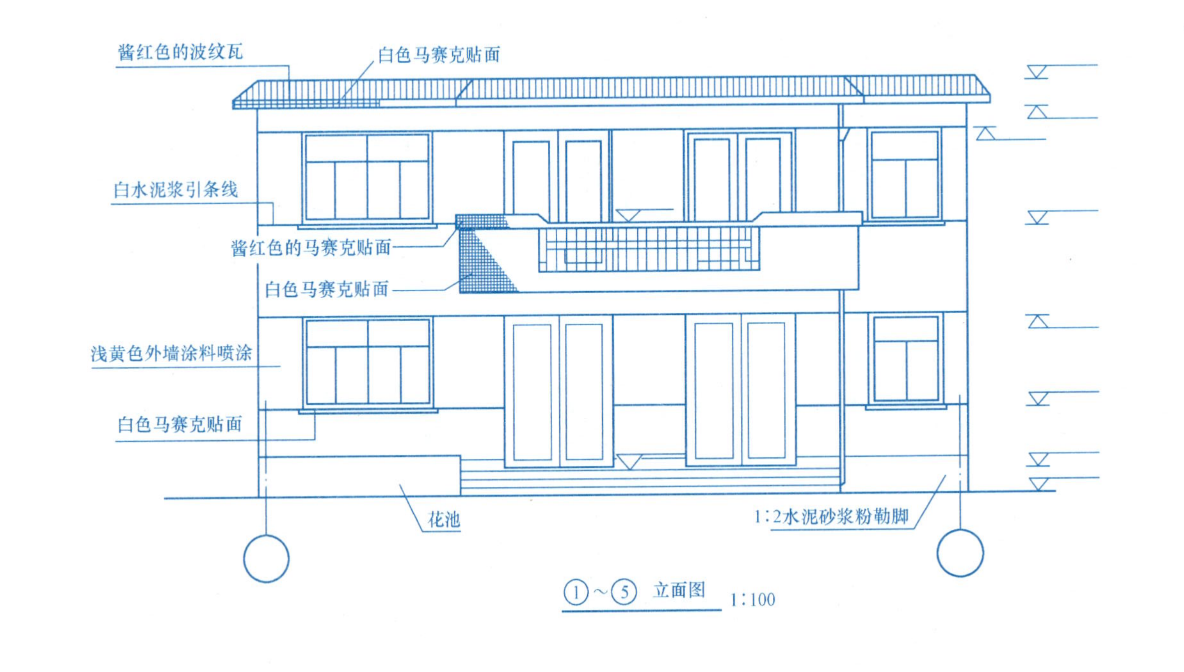

①～⑤ 立面图　1∶100

7—10　在A3幅面图纸上，用1∶100比例抄绘北（正）立面图。

要求：1.图线的基本线宽b用0.5 mm。

2.建设说明的文字字高用5 mm，数字字高用3.5 mm，图名字高用7 mm。

3.其他未给定相关尺寸，由任课教师提供。

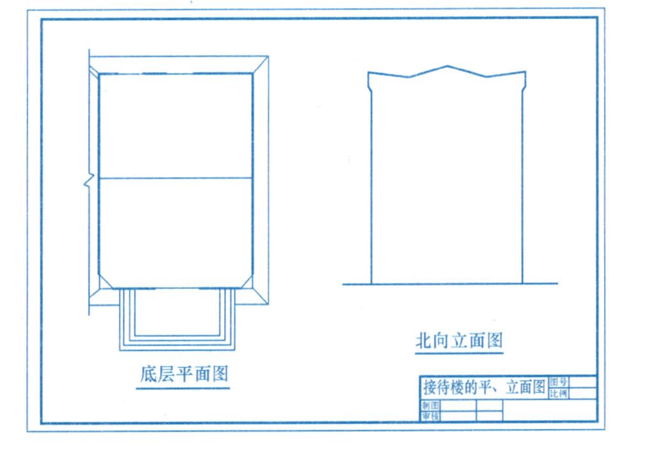

7—11　建筑剖面图填充题。

下图为某住宅1—1剖面图，要求在图中标注出相应的标高（房屋总高14.8 m，住宅层高3.4 m，室内外地面高差0.6 m，室外标高－0.600 m，室内地面标高为±0.000）。

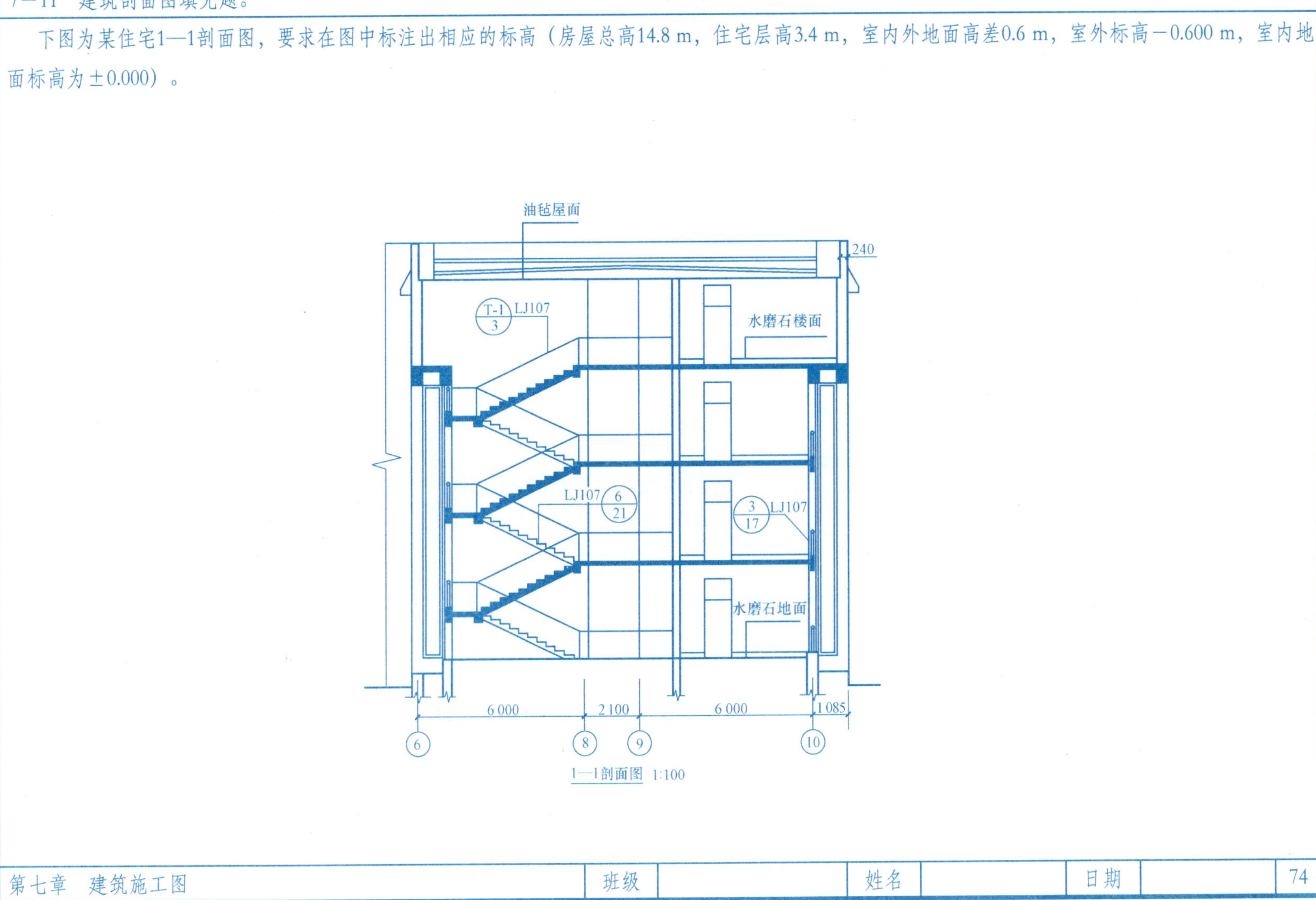

1—1剖面图　1:100

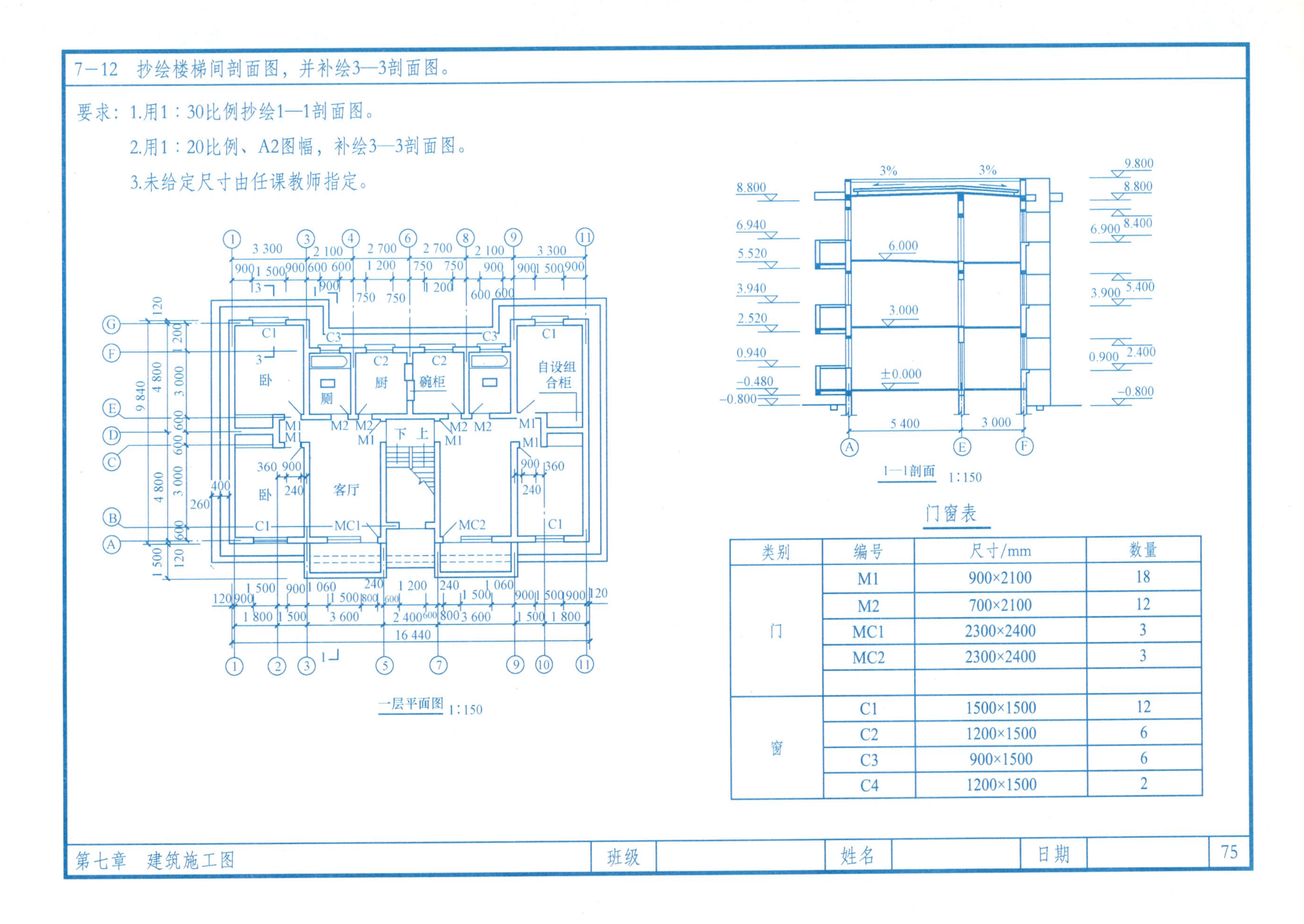

7—12　抄绘楼梯间剖面图，并补绘3—3剖面图。

要求：1.用1：30比例抄绘1—1剖面图。

2.用1：20比例、A2图幅，补绘3—3剖面图。

3.未给定尺寸由任课教师指定。

一层平面图　1:150

1—1剖面　1:150

门窗表

类别	编号	尺寸/mm	数量
门	M1	900×2100	18
	M2	700×2100	12
	MC1	2300×2400	3
	MC2	2300×2400	3
窗	C1	1500×1500	12
	C2	1200×1500	6
	C3	900×1500	6
	C4	1200×1500	2

7-13 在A2图幅面采用1：50的比例绘制楼梯平面图。

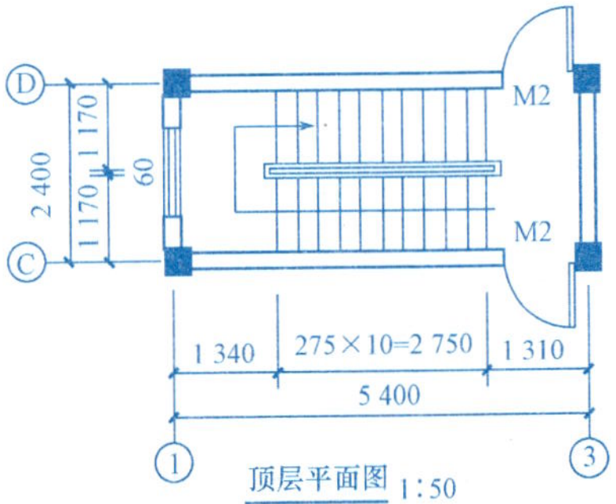

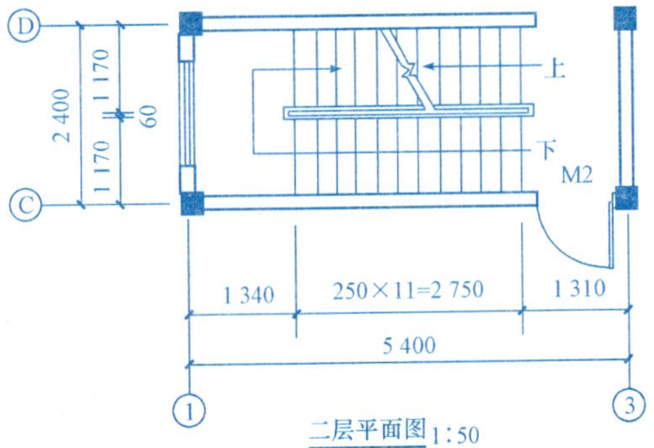

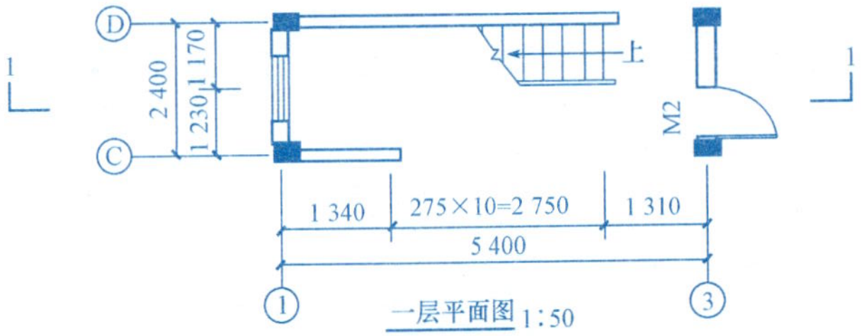

8—1 根据梁的配筋图及钢筋表，绘制2—2及3—3断面图。

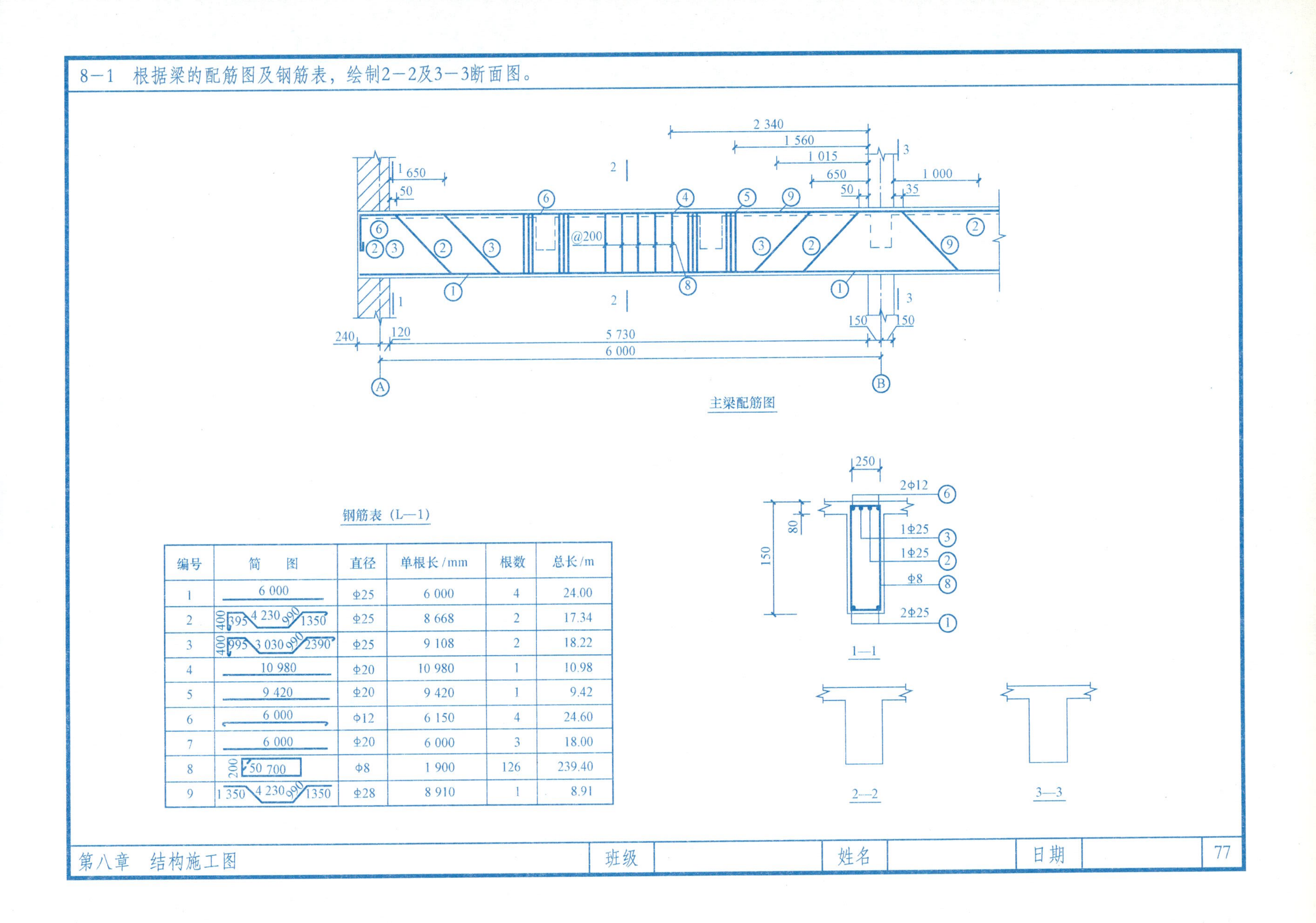

钢筋表（L—1）

编号	简　图	直径	单根长/mm	根数	总长/m
1	6 000	Φ25	6 000	4	24.00
2	400 395 4 230 990 1350	Φ25	8 668	2	17.34
3	400 995 3 030 990 2390	Φ25	9 108	2	18.22
4	10 980	Φ20	10 980	1	10.98
5	9 420	Φ20	9 420	1	9.42
6	6 000	Φ12	6 150	4	24.60
7	6 000	Φ20	6 000	3	18.00
8	200 50 700	Φ8	1 900	126	239.40
9	1 350 4 230 990 1350	Φ28	8 910	1	8.91

8-2 根据钢筋混凝土柱的钢筋布置图，填写钢筋表。

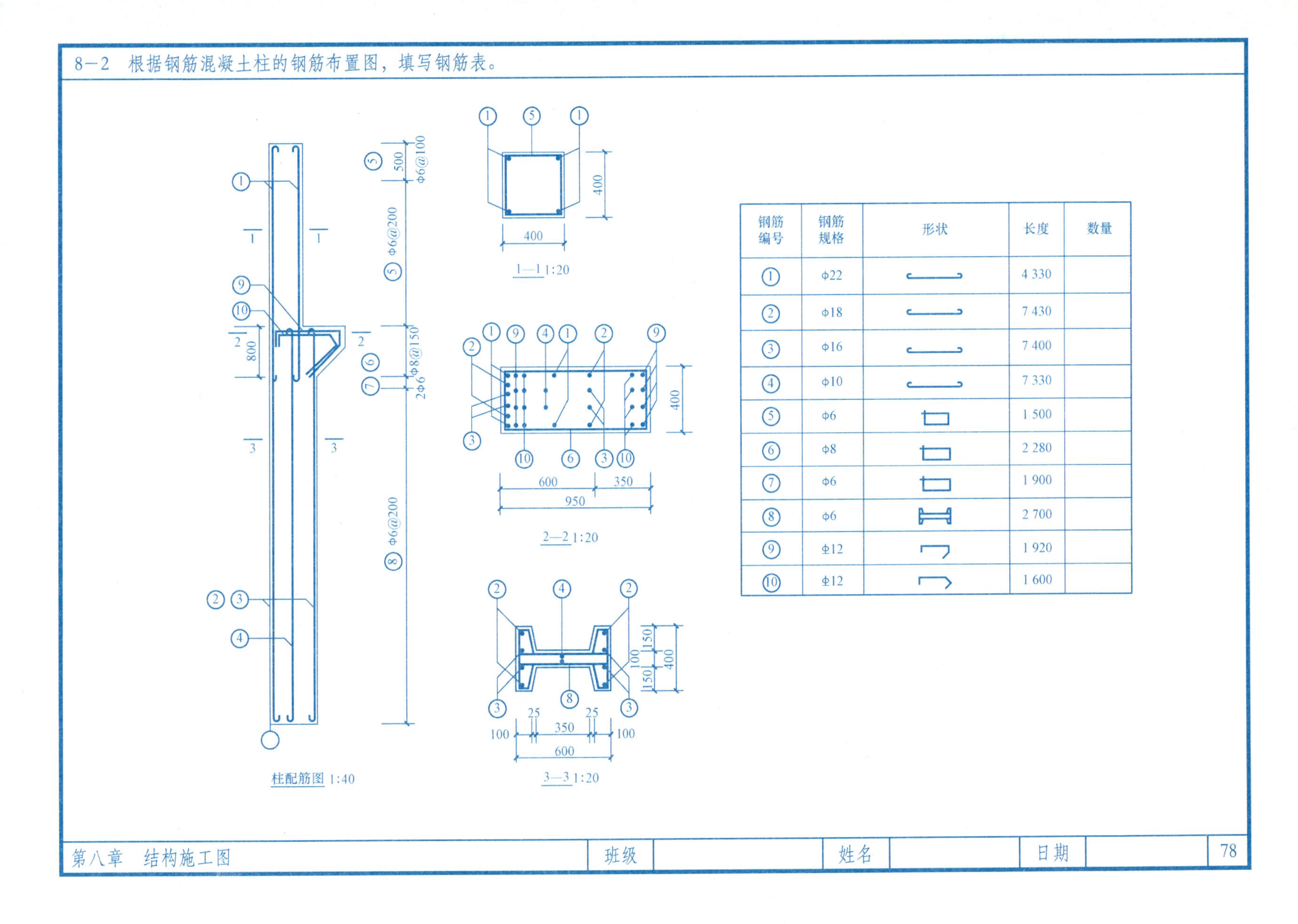

钢筋编号	钢筋规格	形状	长度	数量
①	Φ22		4 330	
②	Φ18		7 430	
③	Φ16		7 400	
④	Φ10		7 330	
⑤	Φ6		1 500	
⑥	Φ8		2 280	
⑦	Φ6		1 900	
⑧	Φ6		2 700	
⑨	Φ12		1 920	
⑩	Φ12		1 600	

8－3 根据梁配筋图及截面图，按1∶40比例画出①～④号钢筋，并标注长度及数量。

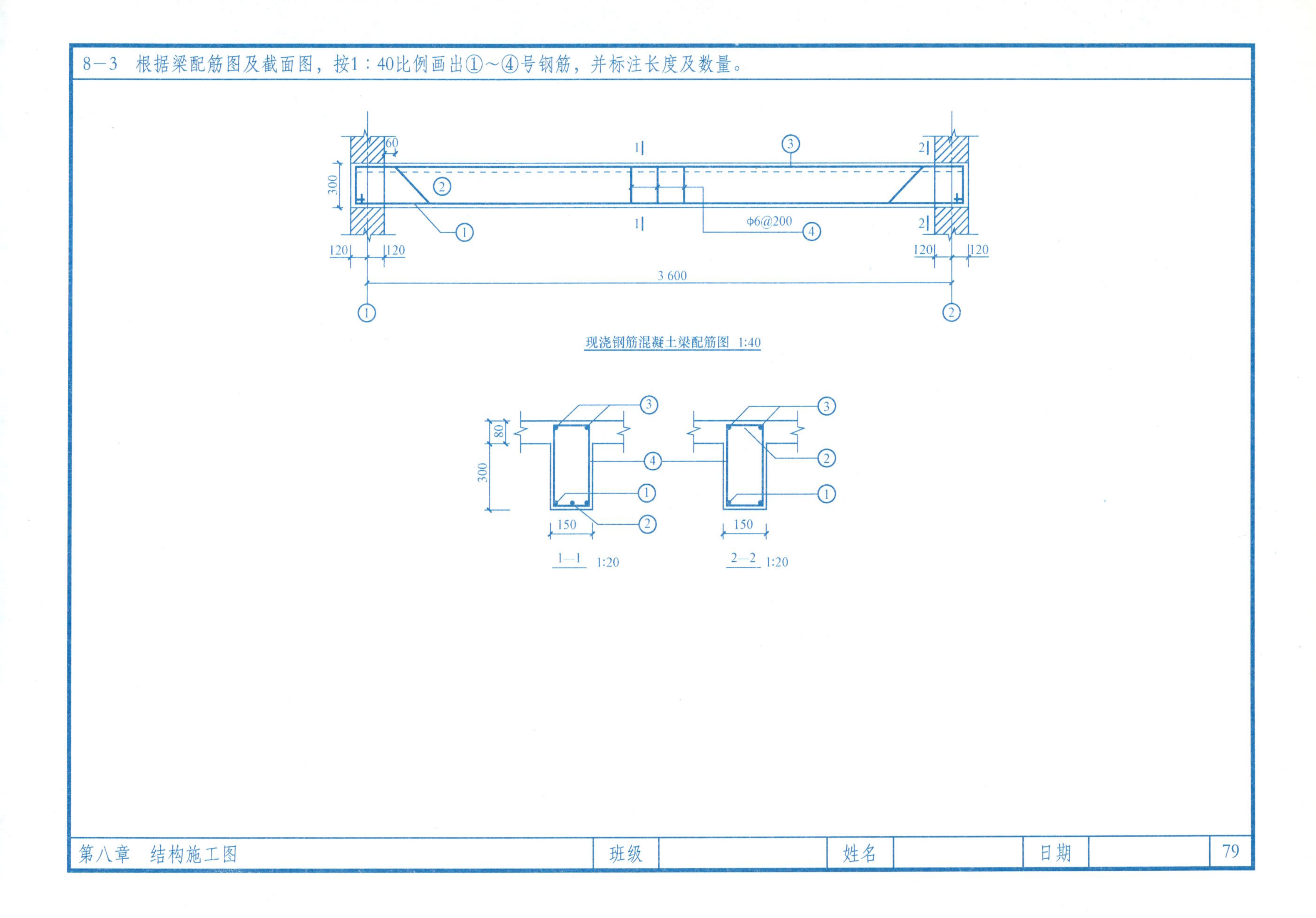

现浇钢筋混凝土梁配筋图 1:40

8－4　用A3幅面图纸，抄绘主梁配筋图，并列出钢筋表。

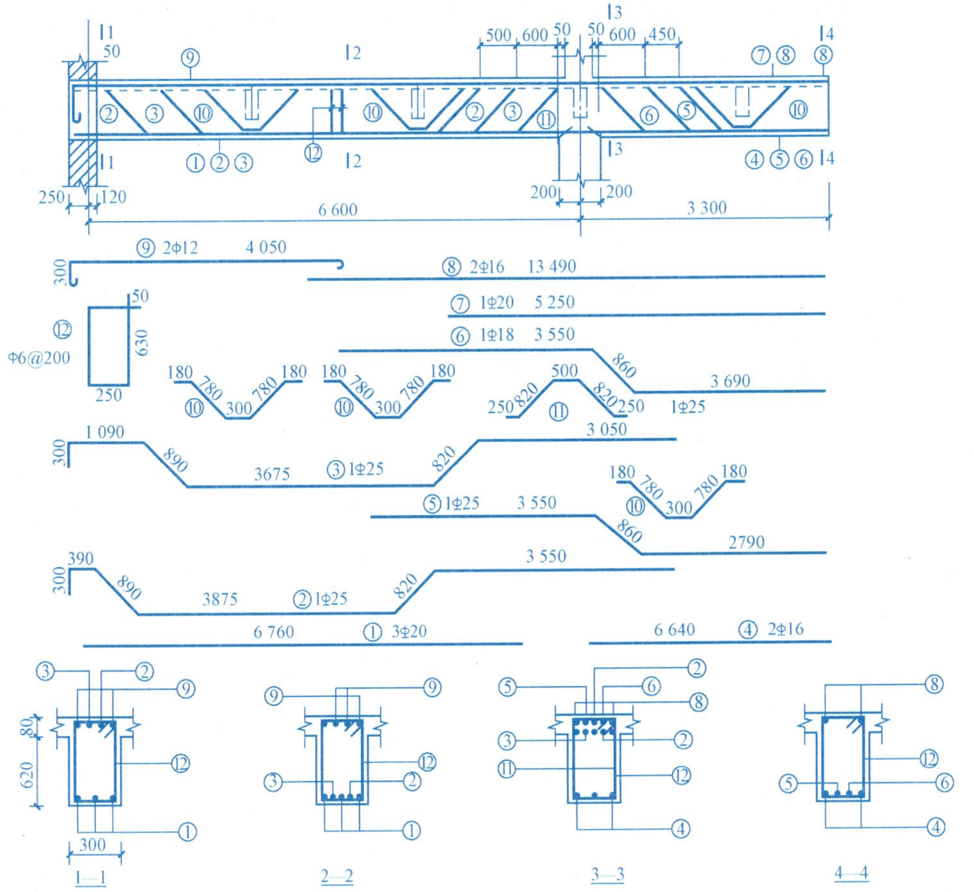

8—5　图示为某单元式住宅的局部结构图，图中用平面表示法表示了B1的配筋图，YTL1、YTB1由断面图给出，试用断面1—1表示法表示出板的配筋。

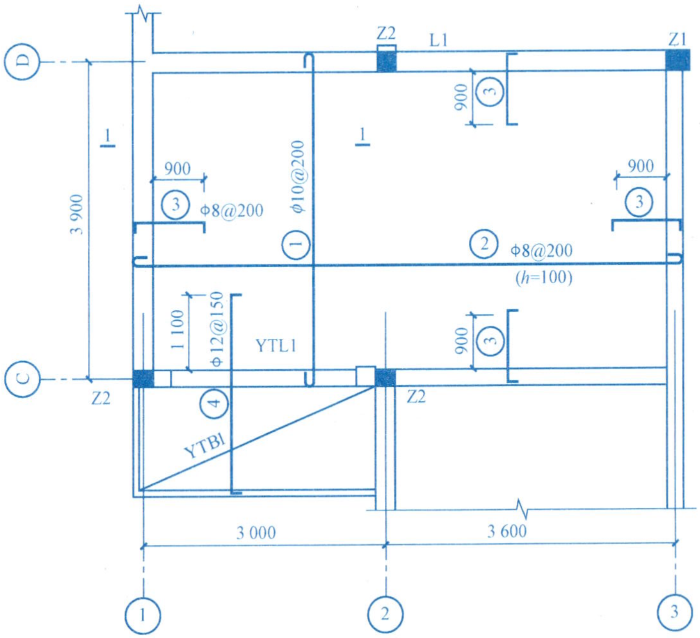

B1配筋　1:m

1—1断面　1:n

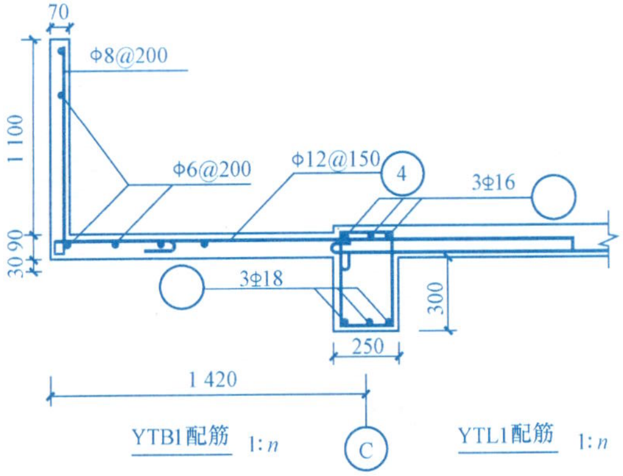

YTB1配筋　1:n

YTL1配筋　1:n

8－6　补全梁的断面1—1、3—3；画全成型钢筋图（②、④号钢筋尺寸不注）。

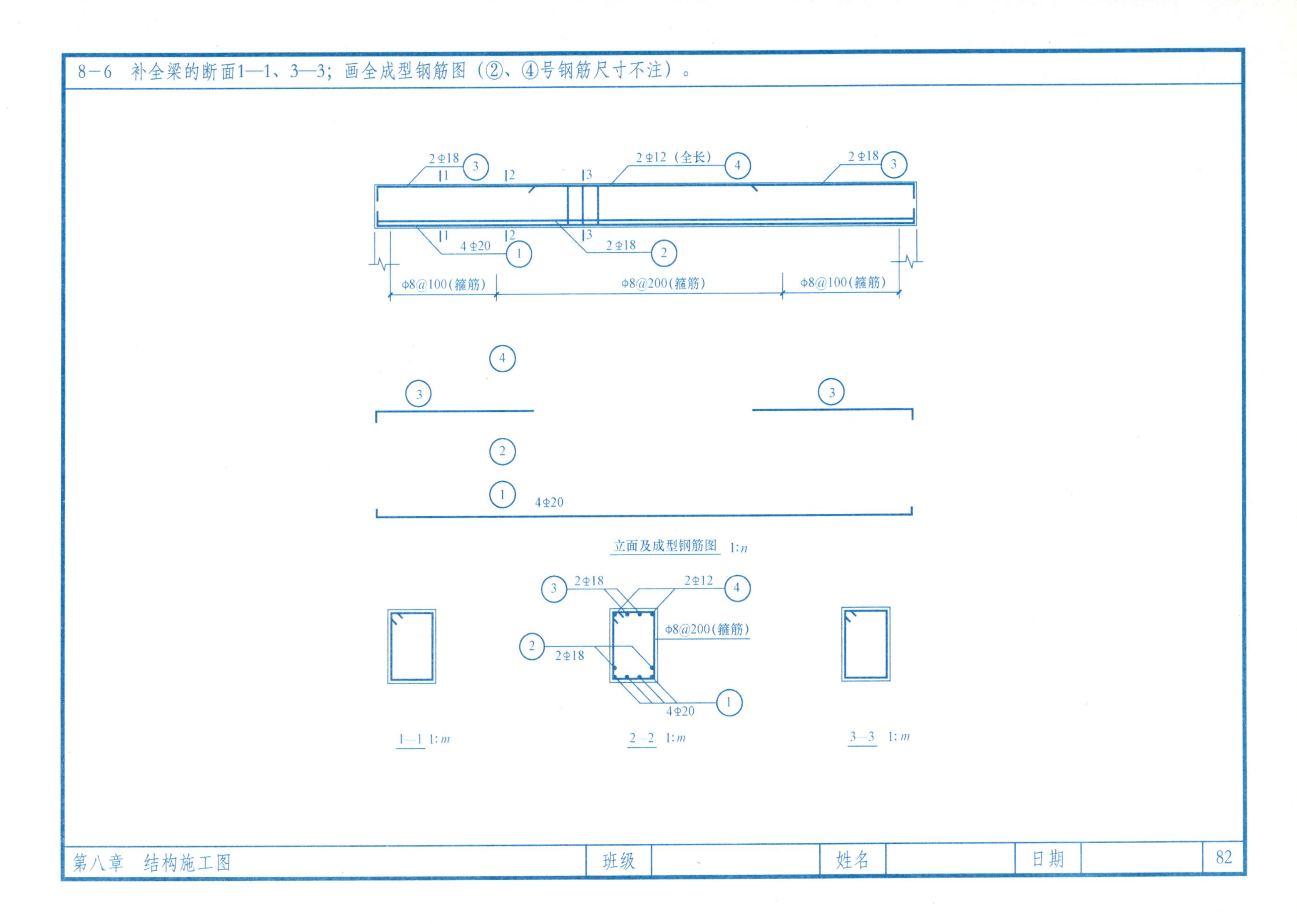

8-7 结构施工图的平面表示法基本概念填空。

1.按平法设计绘制的施工图，一般由__________和__________两大部分构成，但对于复杂的工业建筑与民用建筑，尚需增加模板、开洞和预埋件等平面图。只有在特殊情况下才需__________。

2.在平面布置图上表示各构件尺寸和配筋的方式，方式可分为__________、__________和__________三种。

3.梁集中标注的内容有______、______、______、______四项必注内容和______一项选注内容。

4.柱的截面注写内容有______、______、______、______、______，为必注内容。

5. Φ10@100/200（4），表示__________。

8-8 梁平法施工图识图填空。

梁的截面尺寸为______，梁下部纵筋4Φ25表示__________；

梁支座处6Φ25 4/2表示__________________________；

梁下部注写有N4Φ18表示__________________________；

G4Φ12表示__________________________。

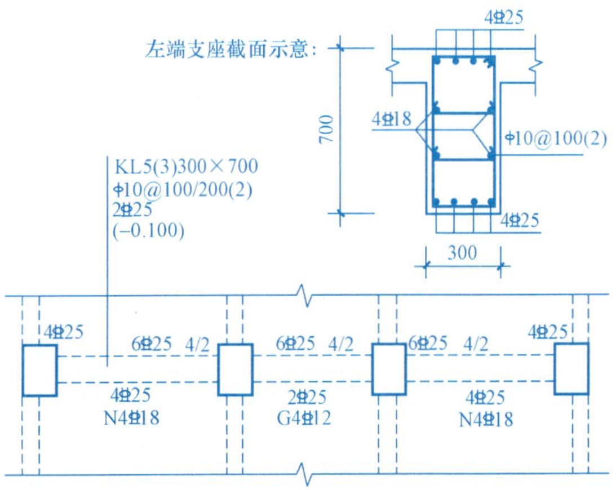

8—9　尺寸自定，用A2图幅抄绘本图。

层号	标高(m)	层高(m)
屋面2	65.670	
塔层2	62.370	3.30
屋面1(塔层1)	59.070	3.30
16	55.470	3.60
15	51.870	3.60
14	48.270	3.60
13	44.670	3.60
12	41.070	3.60
11	37.470	3.60
10	33.870	3.60
9	30.270	3.60
8	26.670	3.60
7	23.070	3.60
6	19.470	3.60
5	15.870	3.60
4	12.270	3.60
3	8.670	3.60
2	4.470	3.60
1	-0.030	4.50
-1	-4.530	4.50
-2	-9.030	4.50

结构层楼面标高
结构层高
上部结构嵌固部位：
-0.030

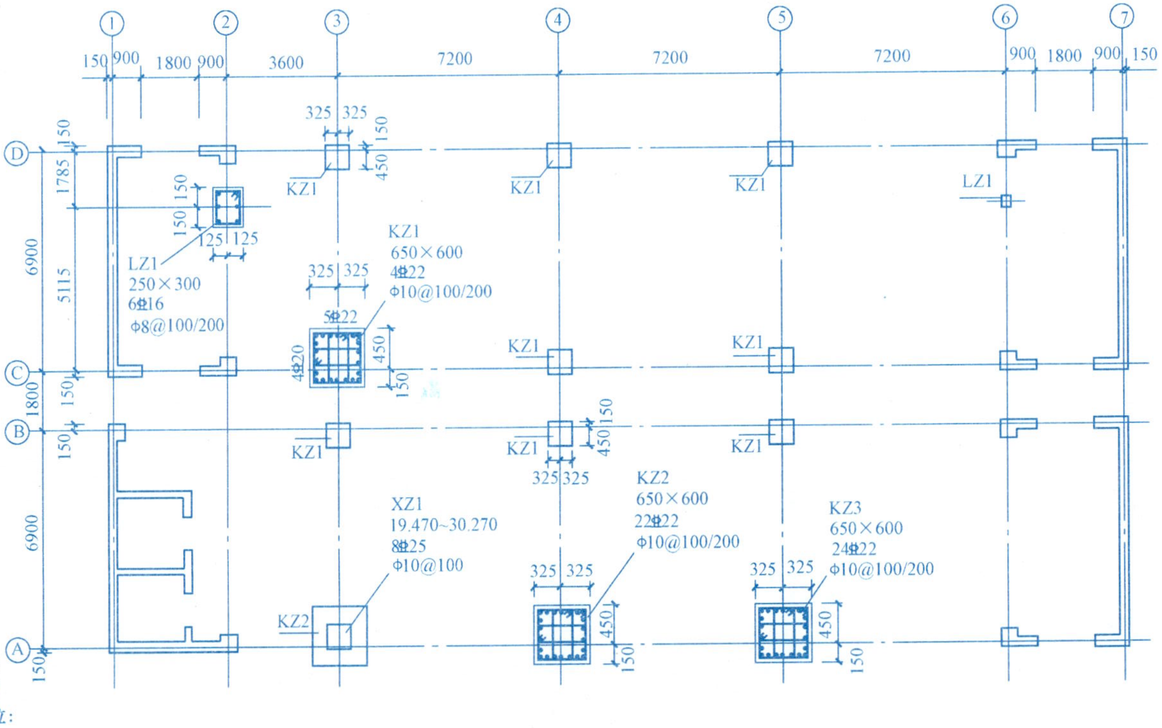

LZ1
250×300
6⌀16
Φ8@100/200

KZ1
650×600
4⌀22
Φ10@100/200

XZ1
19.470~30.270
8⌀25
Φ10@100

KZ2
650×600
22⌀22
Φ10@100/200

KZ3
650×600
24⌀22
Φ10@100/200

19.470~37.470柱平法施工图

8-10 在右边空白处抄绘钢结构节点图。

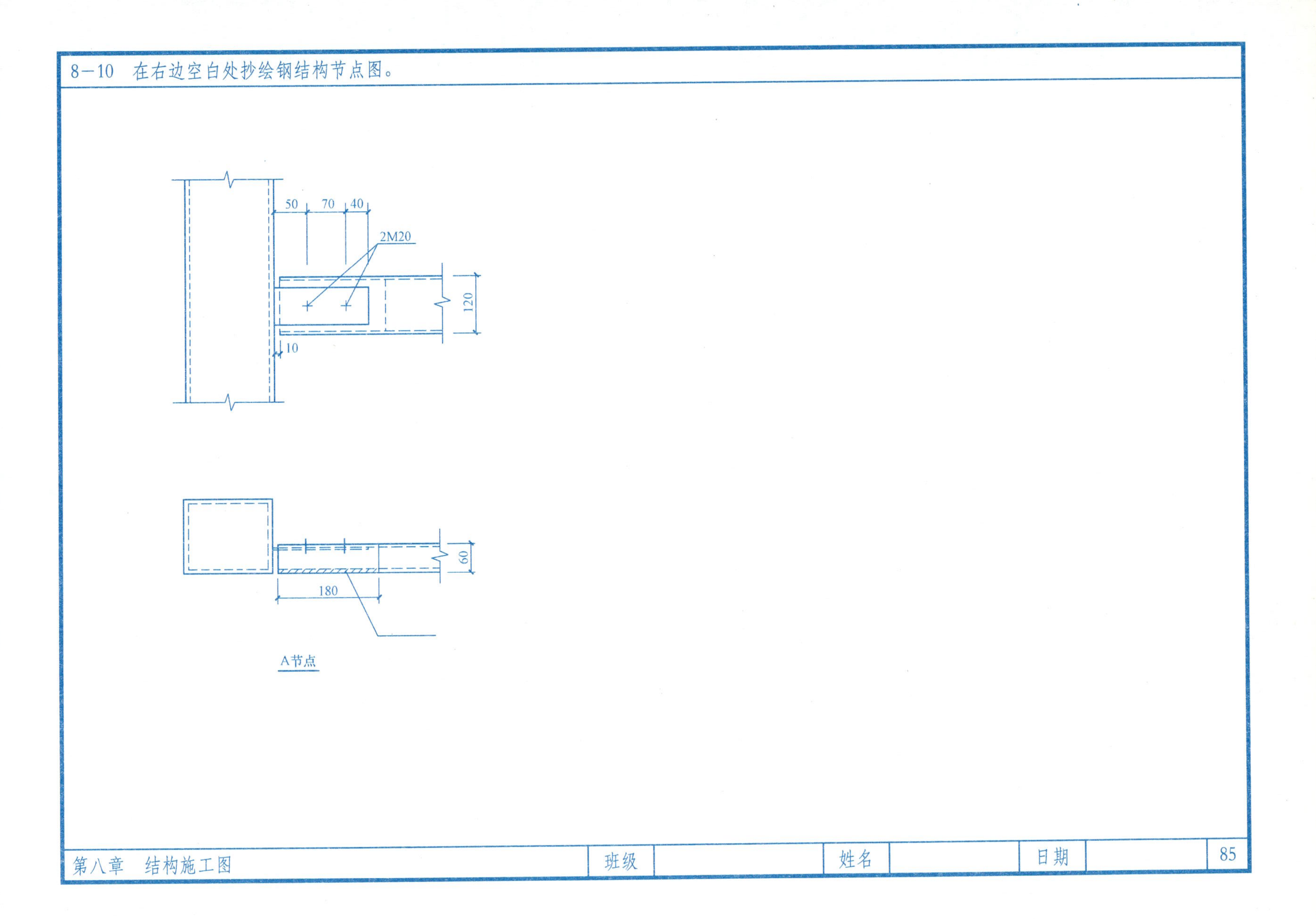

9－1　给水引入（排水排出）管编号表示的含义。

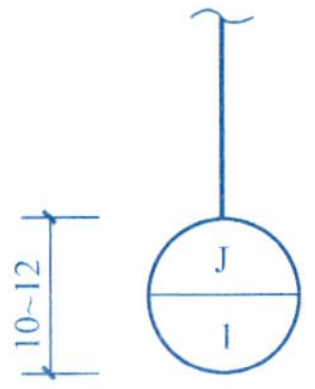

J
1
10~12

9－2　指出下面照明灯具标注中每个符号的含义。

$$4\text{-}YG_2\text{-}2\ \frac{2\times 40\times IN}{2.7}\ C$$

9－3　分别作出管道图中管道的转向、分支、交叉示意图法。

转向　　分支　　分叉

9－4　补全室外给水排水总平面图并抄绘。

1.请分别将（3.55、3.55、3.50、3.47、3.40、3.37、3.30）这些标高按排水方向填入下图中各雨水检查井指引线的上方。

2.采用A3幅面描图纸，采用1：100抄绘室外给水排水总平面图。

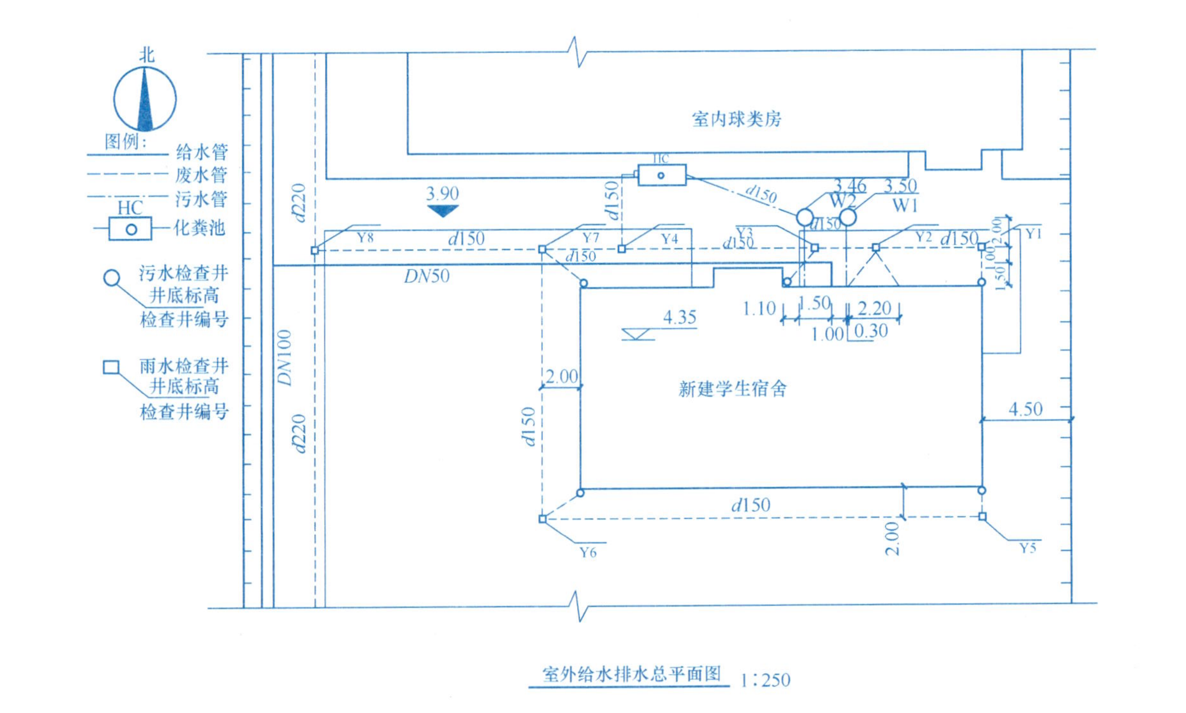

室外给水排水总平面图　1∶250

9－5 试对该楼房给排水施工图纸进行识读。

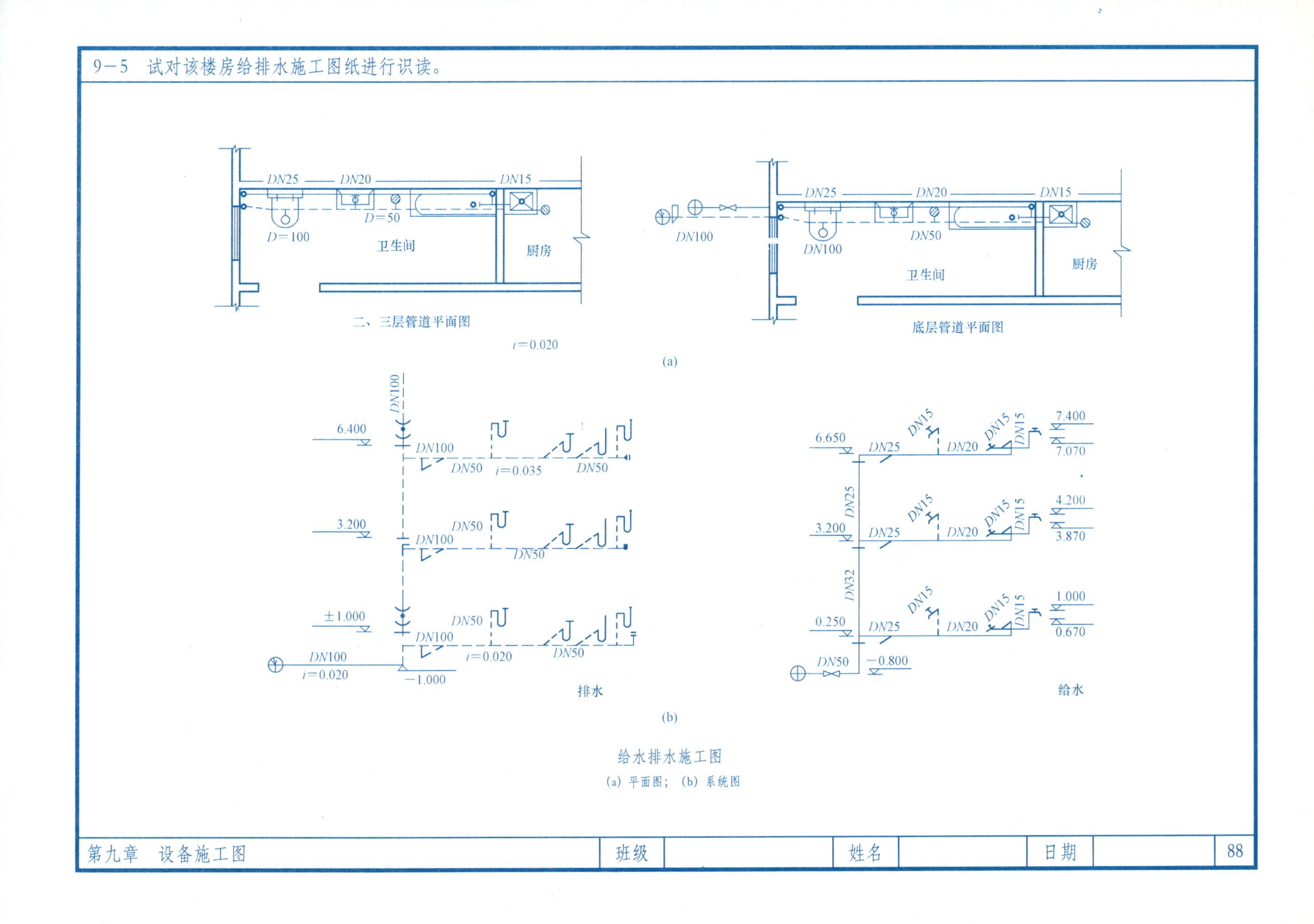

给水排水施工图

(a) 平面图；(b) 系统图

9—6　识读采暖设备平面图。

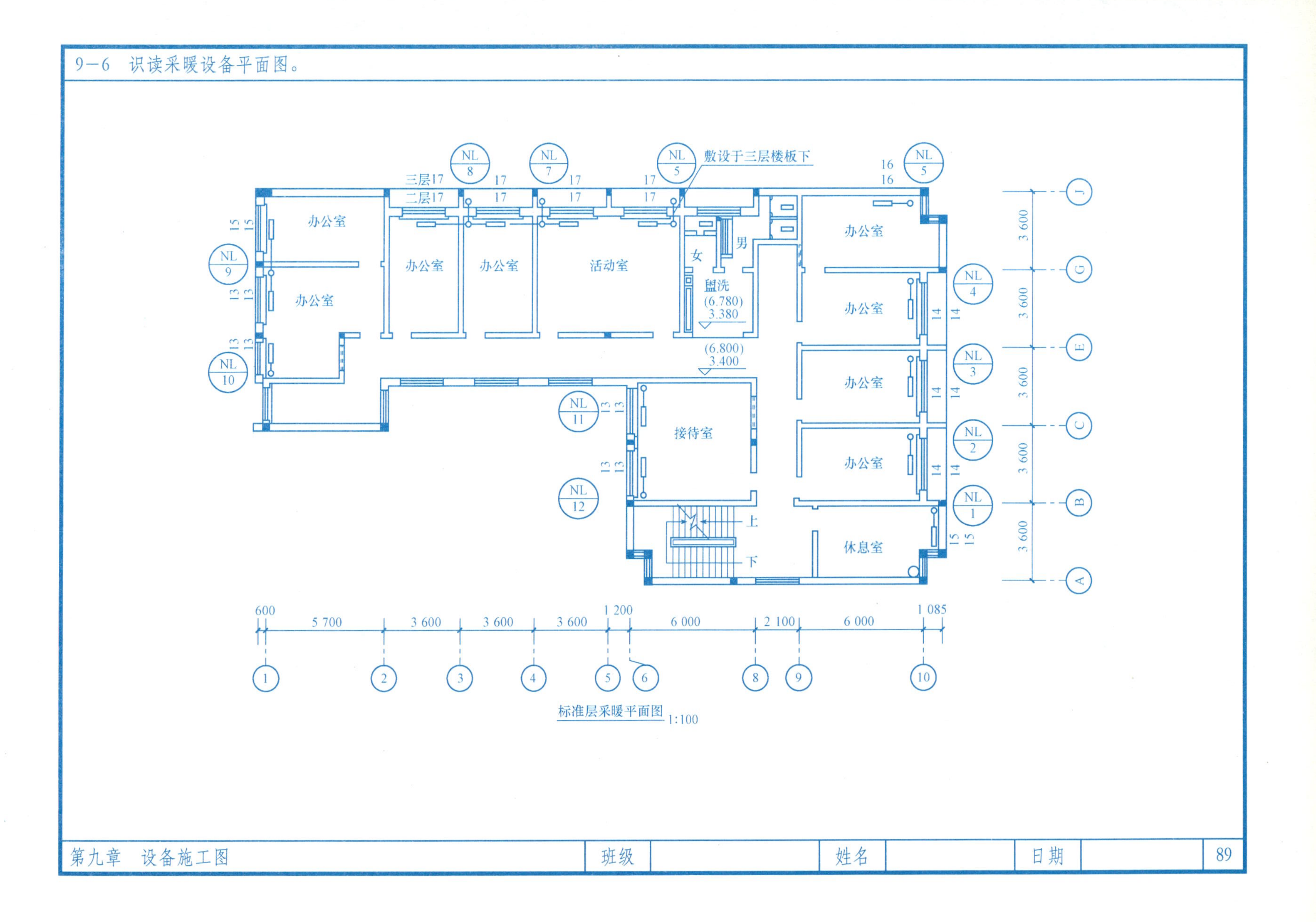

标准层采暖平面图　1:100

9—7　识读采暖设备系统图。

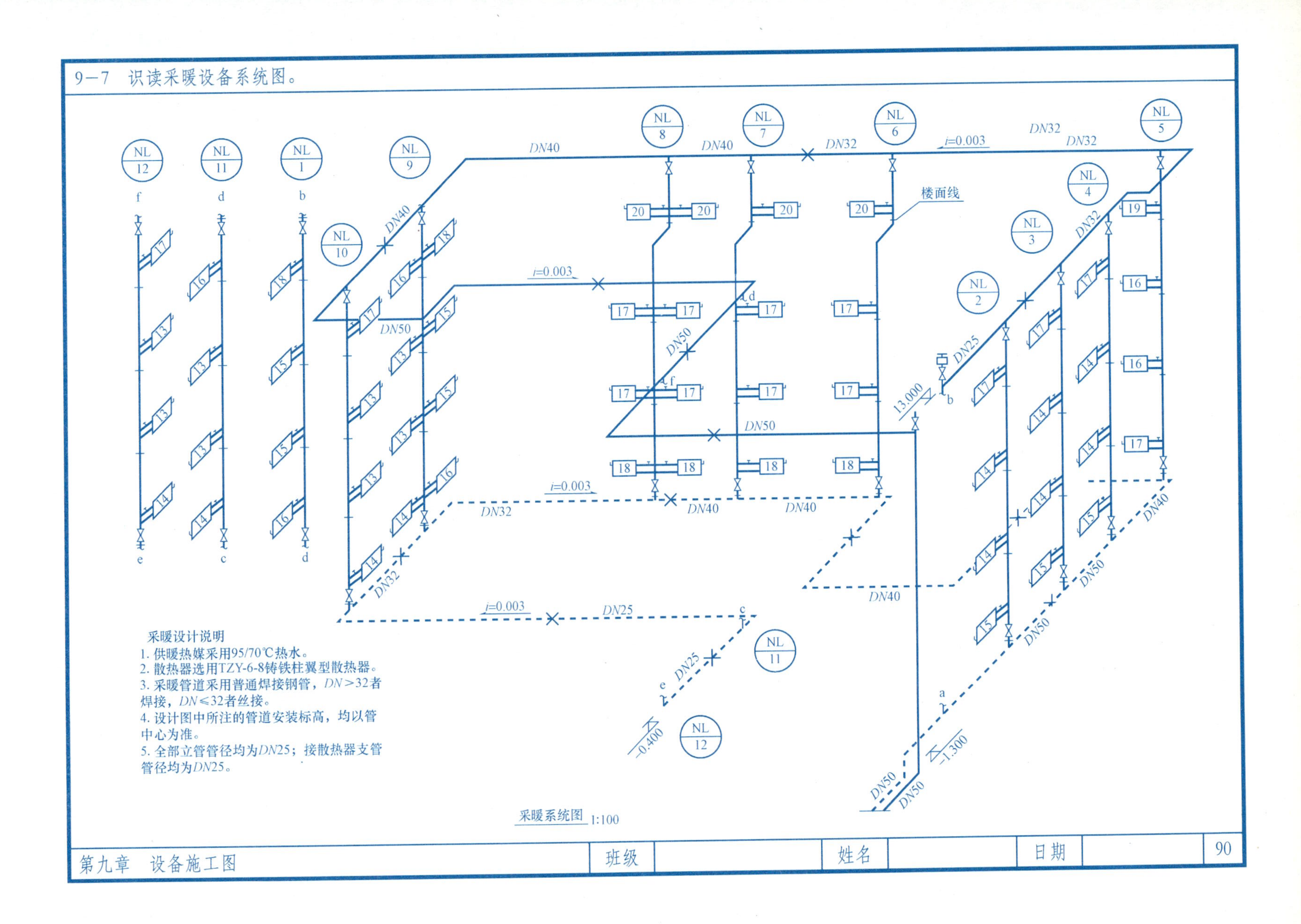

采暖设计说明

1. 供暖热媒采用95/70℃热水。
2. 散热器选用TZY-6-8铸铁柱翼型散热器。
3. 采暖管道采用普通焊接钢管，$DN>32$者焊接，$DN\leqslant 32$者丝接。
4. 设计图中所注的管道安装标高，均以管中心为准。
5. 全部立管管径均为$DN25$；接散热器支管管径均为$DN25$。

采暖系统图 1:100

班级 | 姓名 | 日期

9—8 采用A3幅面图纸抄绘电路原理图。

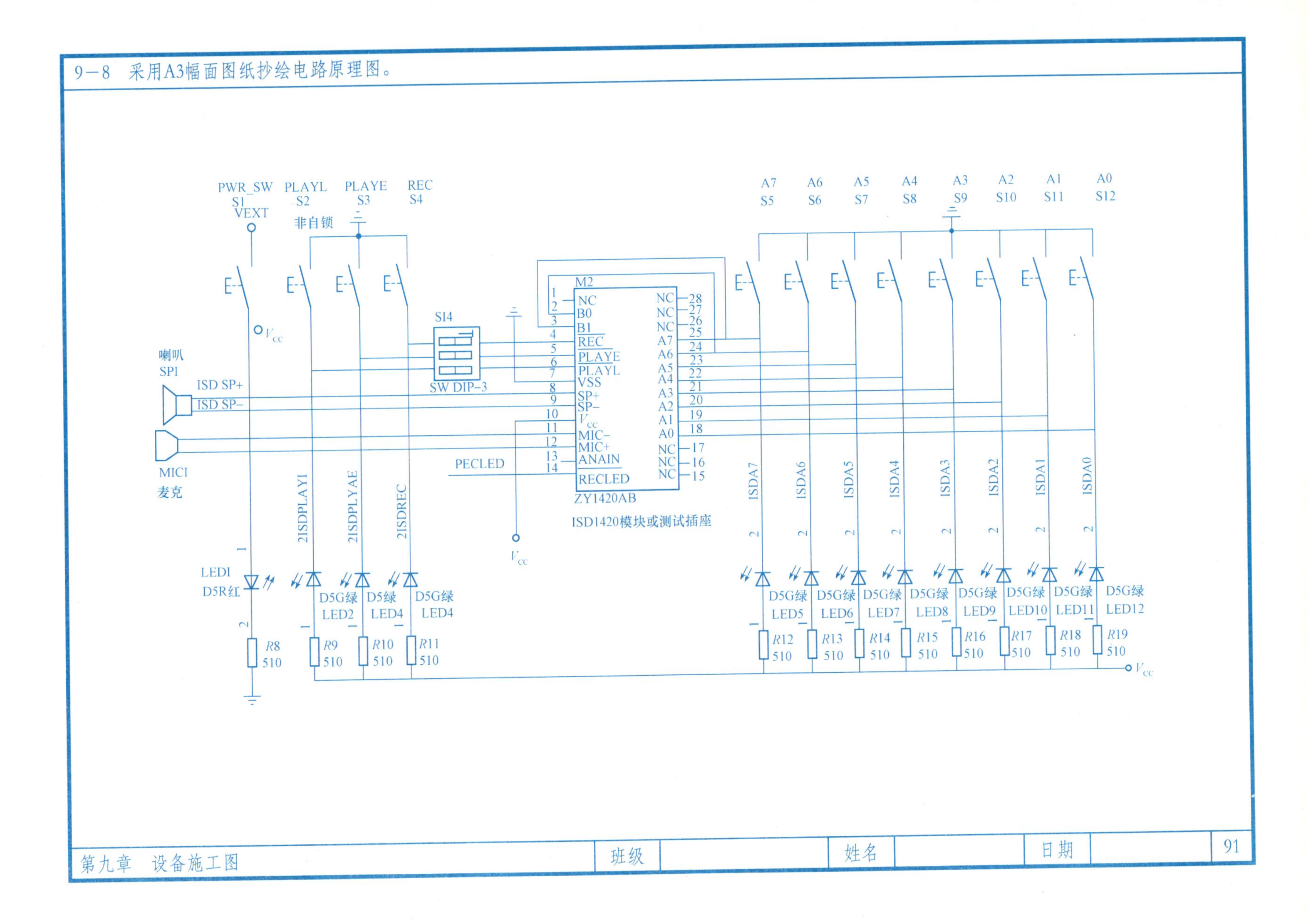

10—1　识读装饰装修平面图。

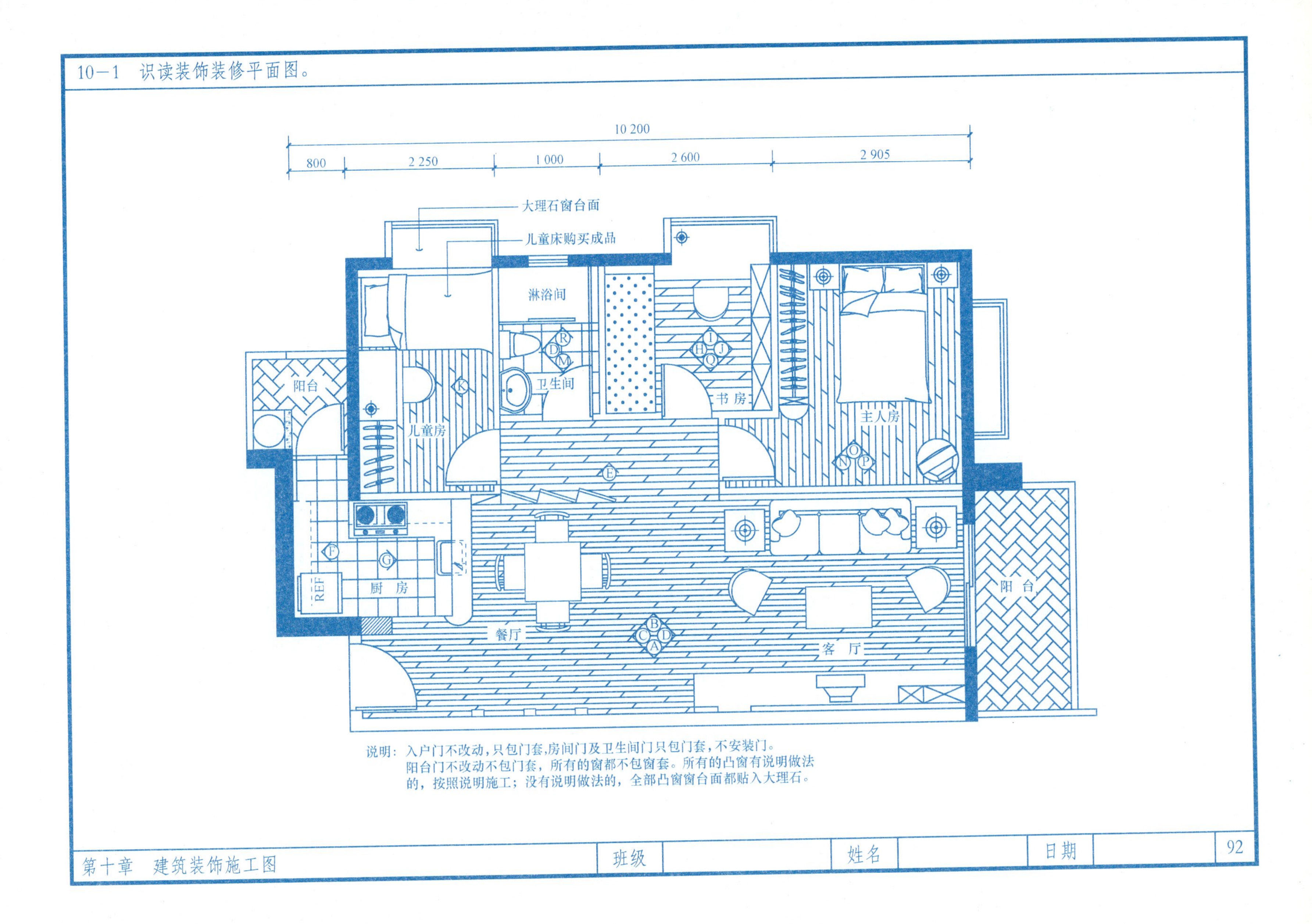

说明：入户门不改动，只包门套，房间门及卫生间门只包门套，不安装门。
阳台门不改动不包门套，所有的窗都不包窗套。所有的凸窗有说明做法的，按照说明施工；没有说明做法的，全部凸窗窗台面都贴入大理石。

10−2　阅读建筑装饰立面图，用A3图幅、采用1∶20比例抄绘立面图。

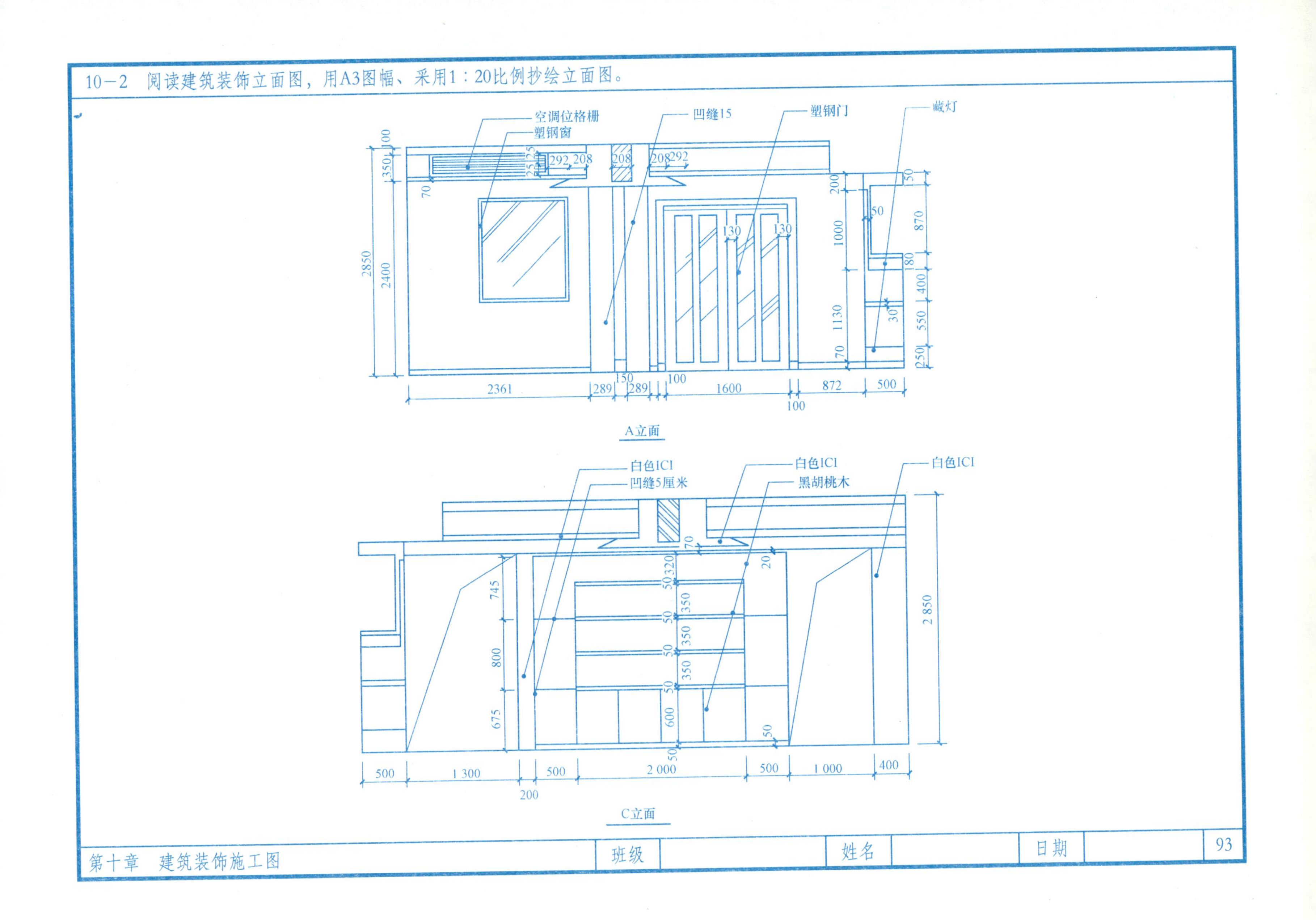

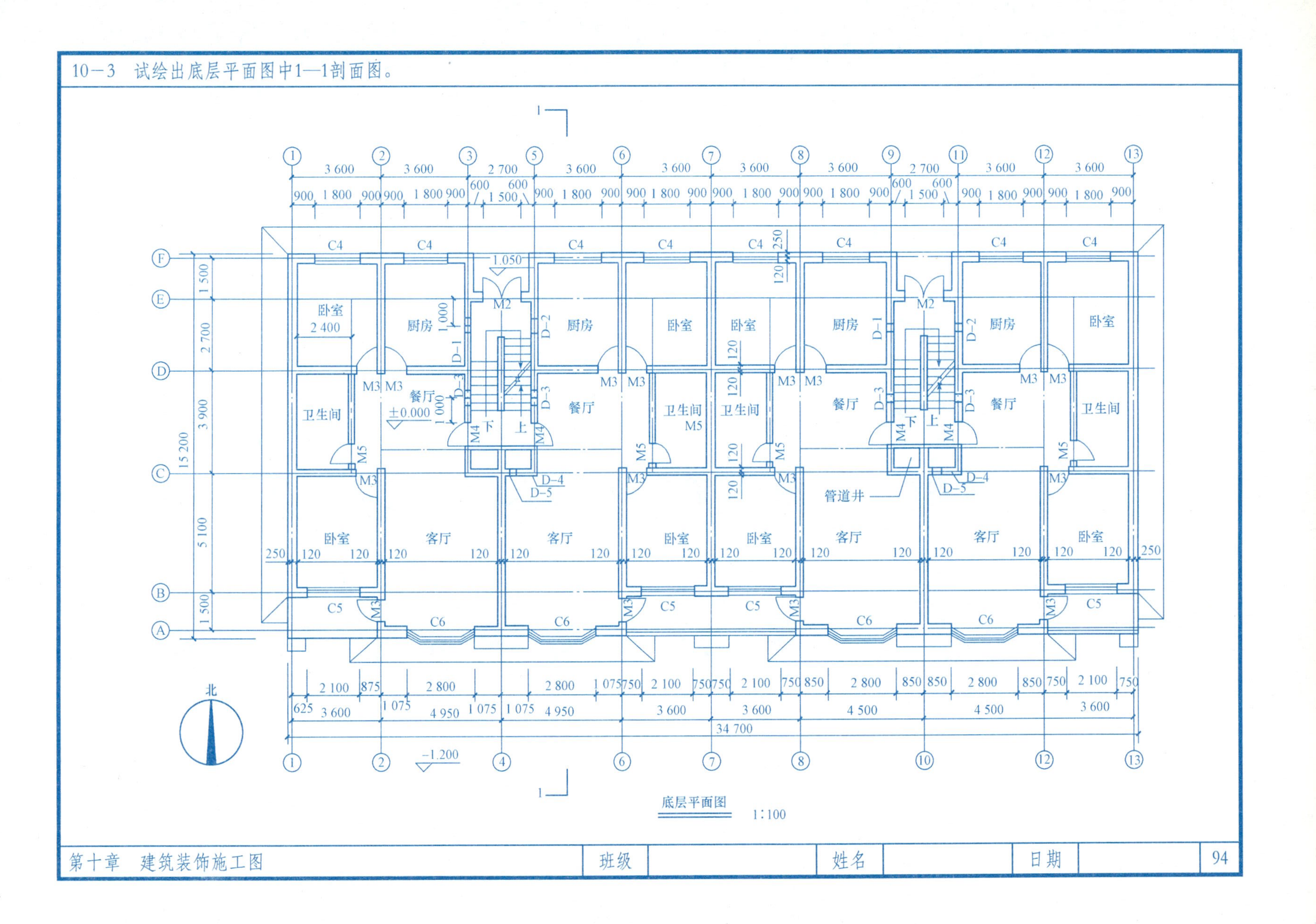
10-3 试绘出底层平面图中1—1剖面图。
卧室
厨房
卫生间
餐厅
客厅
管道井
±0.000
-1.200
1.050
北
M2
M3
M4
M5
C4
C5
C6
D-1
D-2
D-3
D-4
D-5
15 200
34 700
底层平面图
1:100
第十章 建筑装饰施工图
班级
姓名
日期
94

10－4　用合适幅面的图纸抄绘底层平面布置图。

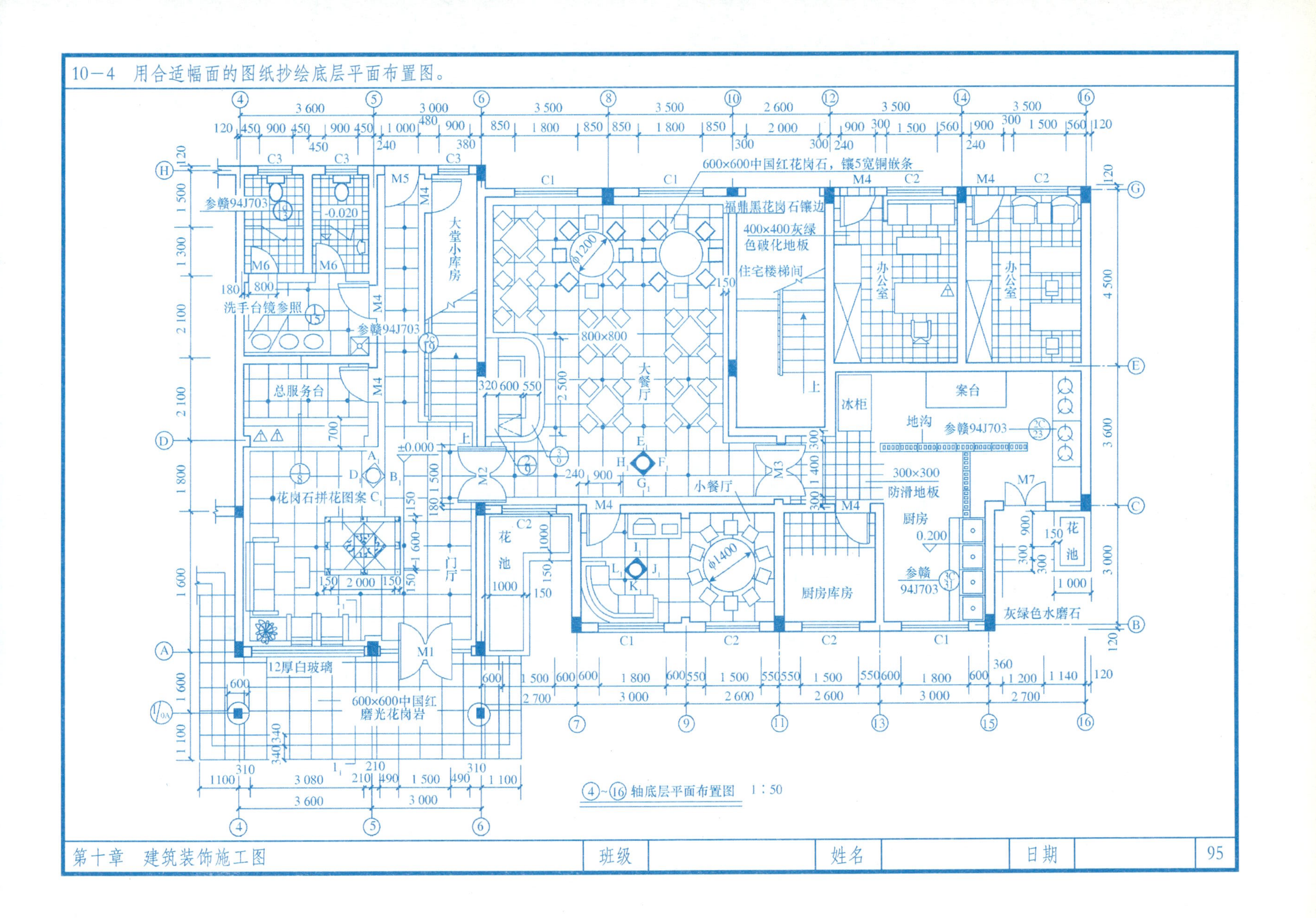

11－1 试填写下列图形符号的名称及含义。

1.5%

1 : n

n

名称：________________

含义：________________

11－2 试填写下列图形的名称及含义。

2~3 mm

45°

−0.556

6.72

名称：________________

含义：________________

11－3 根据平曲线几何要素图，在横线上填写符号的含义。

T

T

E

JD_1

α_y

ZH

ZY

QZ

YZ

HY

QZ

YH

HZ

R_1

R_2

JD_2

α_z

JD________；JD_1________；JD_2________；

α________；α_z________；α_y________；

R________；T________；E________；

L________；ZY________；QZ________；

ZH________；HZ________；HY________；

YH________。

11－4　阅读右侧公路路线横断面图，回答问题。

（1）填方、挖方、半填半挖方路基各有几个？各自的里程桩号是什么？

（2）路面所注标高为何处的高程？

（3）试说明$H_T=2.81$，$A_T=31.3$，$A_W=0.5$的意义。

12－1　阅读钢筋混凝土梁桥总体布置图，回答问题。

1.侧面投影中看到的是桥台的台前还是台后？______。

2.在正面投影中指出耳墙、锥形护坡、桥头搭板的投影。

3.1号桥台基础底面、基础顶面的标高分别为______m、______m。

4.该桥起始桩至桥位终点桩不设纵坡，该桥的设计标高为______m。

5.该桥中心位于______桩号处。每个桥墩下有_____根钢筋混凝土灌注桩，有_____根立柱。

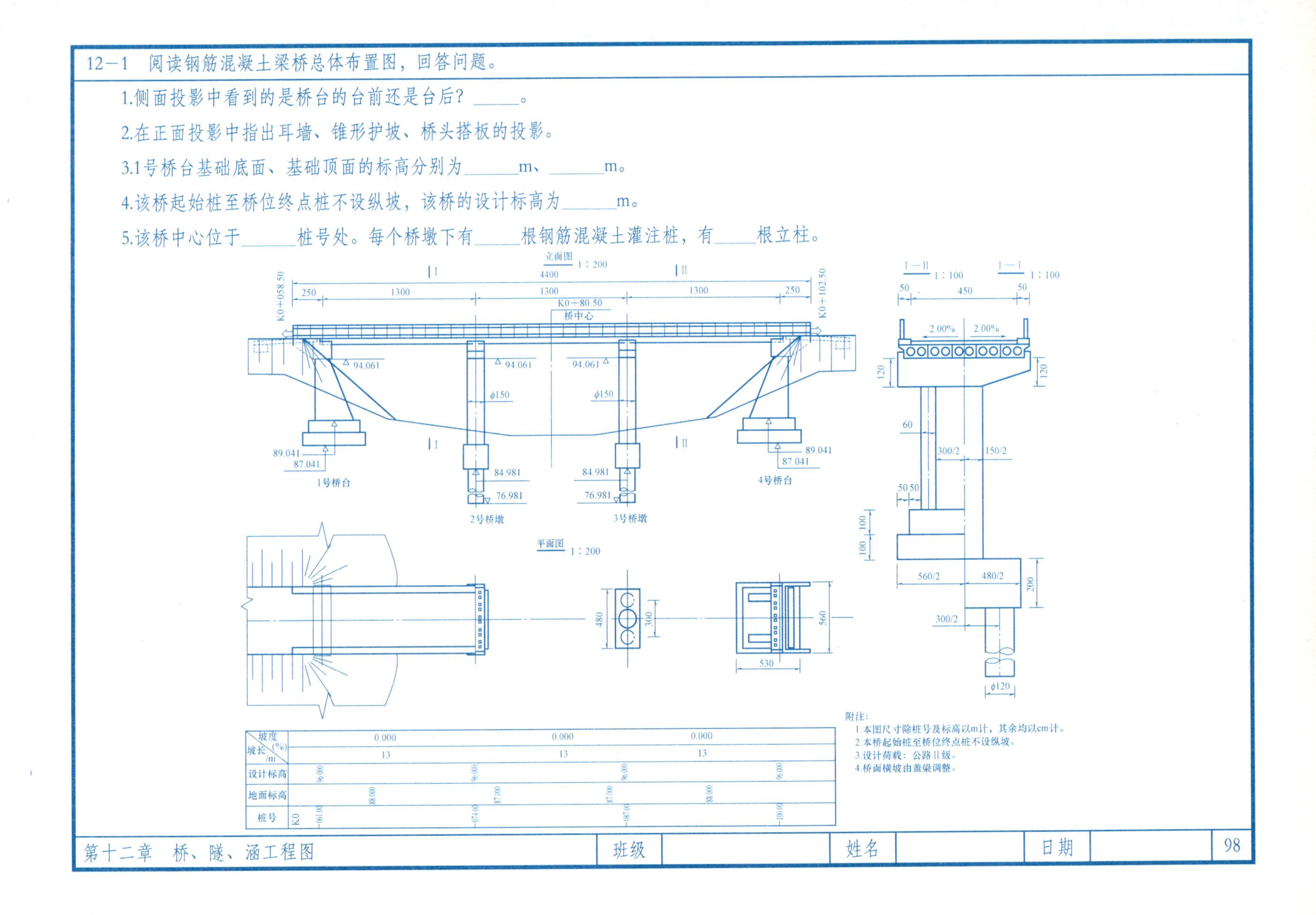

坡度(%) / 坡长/m	0.000 / 13	0.000 / 13	0.000 / 13	
设计标高	96.000	96.000	96.000	96.000
地面标高	88.000	87.000	87.000	88.000
桩号 K0	+061.00	+074.00	+087.00	+100.00

附注：
1.本图尺寸除桩号及标高以m计，其余均以cm计。
2.本桥起始桩至桥位终点桩不设纵坡。
3.设计荷载：公路Ⅱ级。
4.桥面横坡由盖梁调整。

12—2 用加长的A2图幅，按1∶100比例抄绘桥梁总体布置图。

纵剖面图 1:100

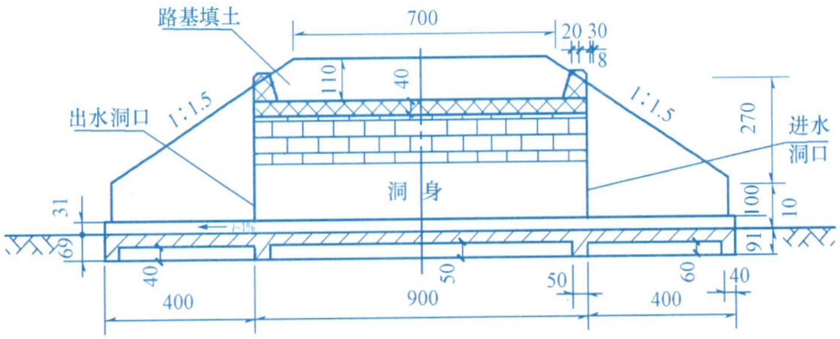

出水口立面图 1∶100

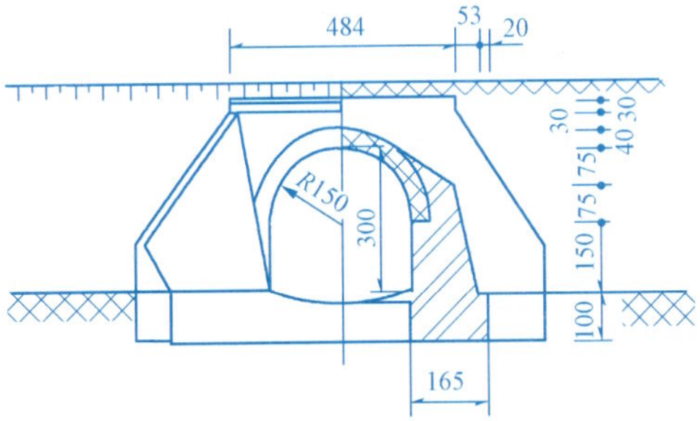

平面图 1:100

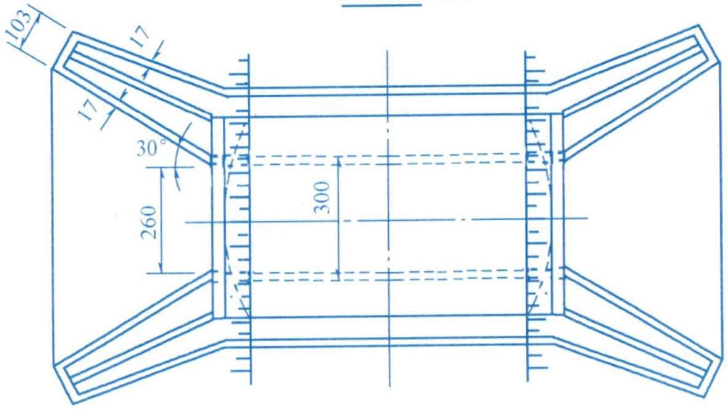

说明：

1.本图尺寸以cm计；

2.石料强度拱圈350，其他均可用250。

班级		姓名		日期		99

12－3 阅读某隧道左线行人横洞布置图，写出识读到的内容。

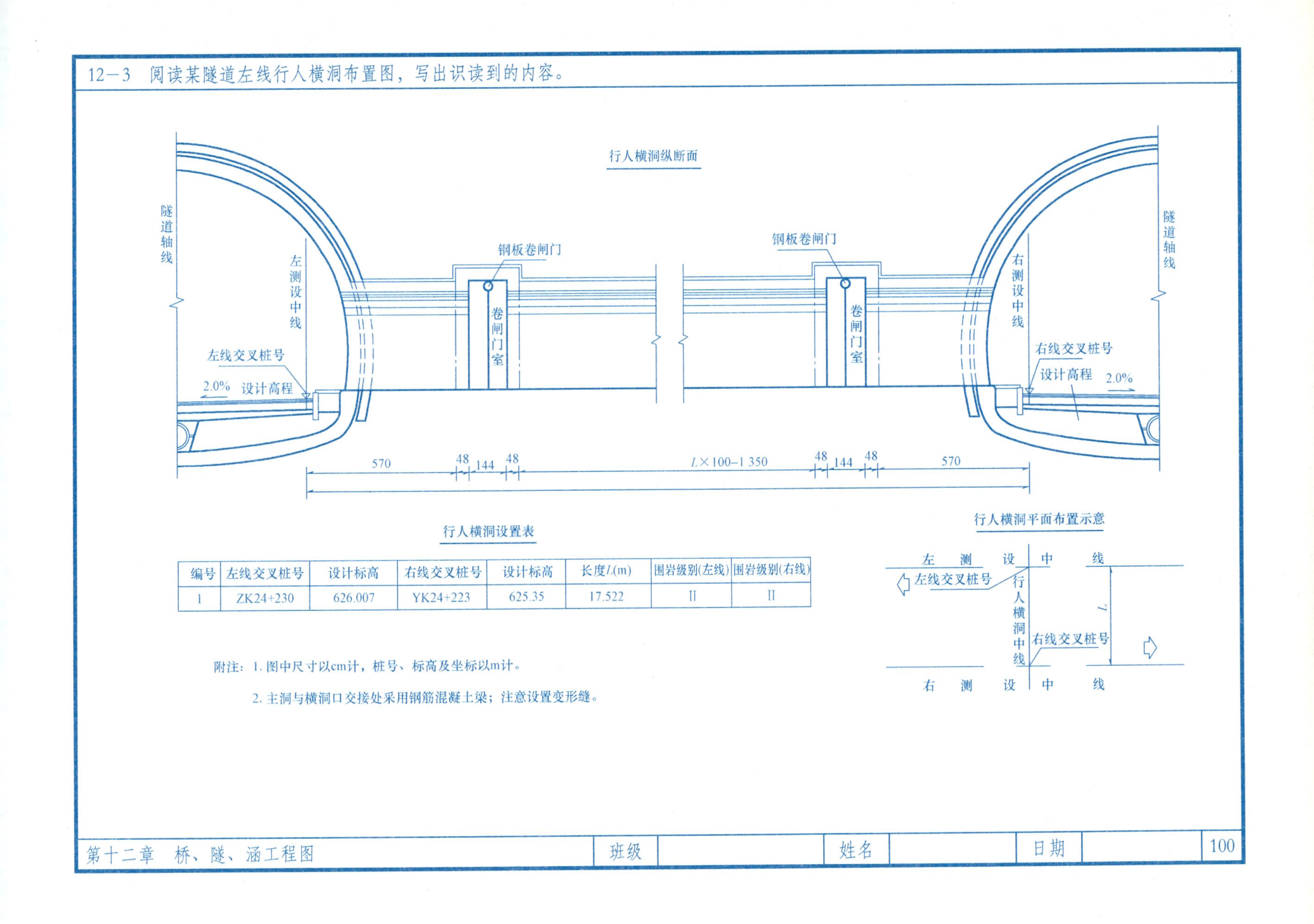

行人横洞设置表

编号	左线交叉桩号	设计标高	右线交叉桩号	设计标高	长度L(m)	围岩级别(左线)	围岩级别(右线)
1	ZK24+230	626.007	YK24+223	625.35	17.522	II	II

附注：1. 图中尺寸以cm计，桩号、标高及坐标以m计。

2. 主洞与横洞口交接处采用钢筋混凝土梁；注意设置变形缝。

12-4 抄绘钢筋混凝土箱涵一般构造图。

要求：用A3图幅，按1：50比例抄绘，图线和字体自定。

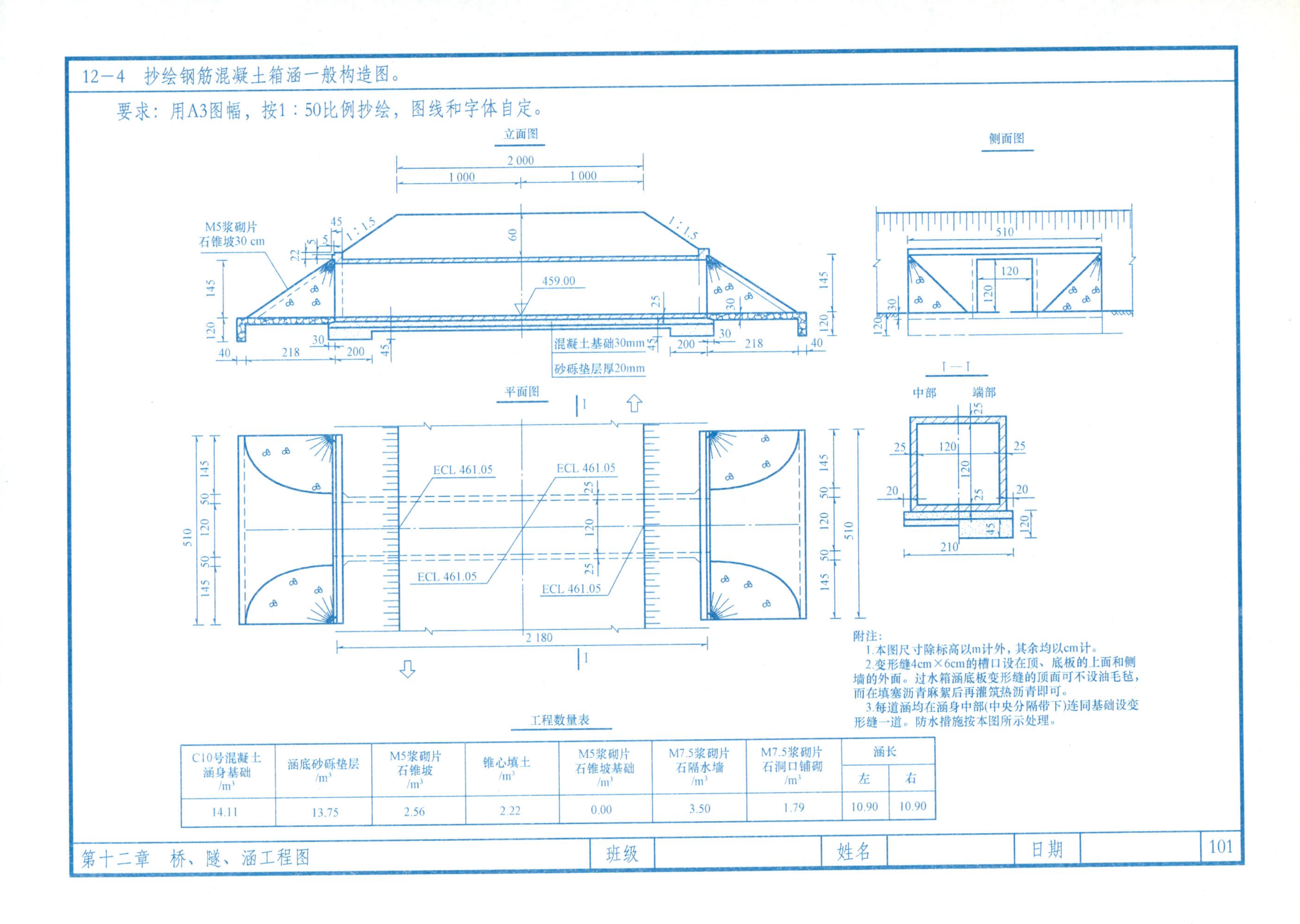

附注：

1.本图尺寸除标高以m计外，其余均以cm计。

2.变形缝4cm×6cm的槽口设在顶、底板的上面和侧墙的外面。过水箱涵底板变形缝的顶面可不设油毛毡，而在填塞沥青麻絮后再灌筑热沥青即可。

3.每道涵均在涵身中部(中央分隔带下)连同基础设变形缝一道。防水措施按本图所示处理。

工程数量表

C10号混凝土涵身基础/m³	涵底砂砾垫层/m³	M5浆砌片石锥坡/m³	锥心填土/m³	M5浆砌片石锥坡基础/m³	M7.5浆砌片石隔水墙/m³	M7.5浆砌片石洞口铺砌/m³	涵长	
							左	右
14.11	13.75	2.56	2.22	0.00	3.50	1.79	10.90	10.90

一、选择题

1.下列哪项不属于常用制图工具（　　）。

A.圆规　　B.丁字尺

C.直尺　　D.分规

2.在土建图中有剖切位置符号及编号 2 2，其对应图为（　　）。

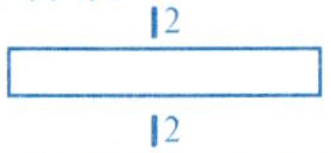

A.剖面图、向左投影　　B.剖面图、向右投影

C.断面图、向左投影　　D.断面图、向右投影

3.工程上应用最广的图示方法为　（　　）。

A.轴测图　　B.透视图

C.示意图　　D.多面正投影图

4.已知三角形的一个投影是三个全等三角形，该三角形实形应是（　　）。

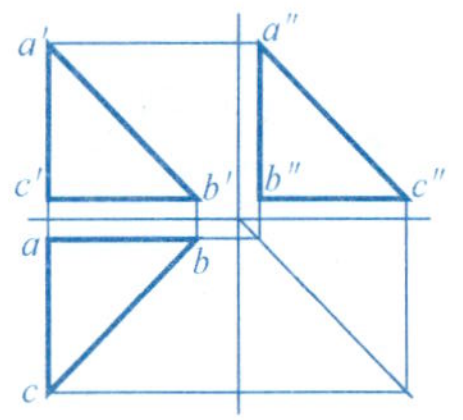

A.一般位置的任意三角形

B.等腰三角形

C.等边三角形

D.等腰直角三角形

5.已知三角形*EFG*在平面*P*上，试判断下列四种说法中哪种正确（　　）。

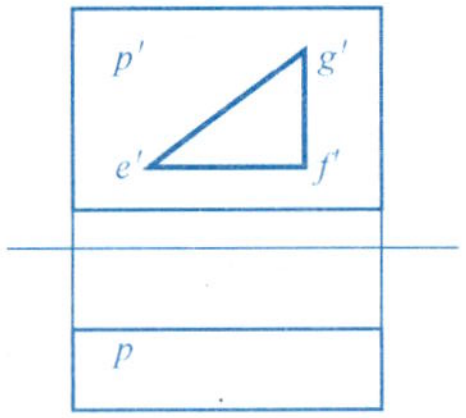

A.*GF*直线是铅垂线　　B.*GE*直线是正平线

C.*EF*直线是水平线　　D.△*EFG*平面是侧垂面

6.判断下列各图所示平面与投影面的倾角是否正确，并指出哪一组是正确的　（　　）。

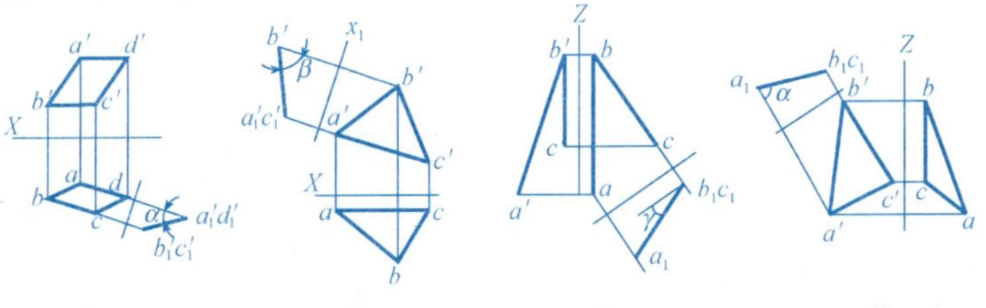

A.　　B.　　C.　　D.

7.平圆柱螺旋面被一同轴的小圆柱面所截，截交线为　（　　）。

A.圆　　B.椭圆

C.直线　　D.圆柱螺旋线

8.由总平面图绘制建筑群的轴测图，应采用　（　　）。

A.正二测　　B.正等测

C.正面斜二测　　D.水平斜等测

一、选择题

9.下列关于平面整体表示法有误的一项是（　　）。

A.平面整体表示方法是把结构构件的尺寸和配筋等，按照平面整体表示方法制图规则，整体直接表达在各类构件的结构平面布置图上，再与标准构造详图相配合，即构成一套新型完整的结构设计。

B.按平法设计绘制的施工图，都由各类结构构件的平法施工图和标准构造详图两大部分构成。

C.平面整体表示法大大简化了绘图过程，节省了图纸。

D.平面整体表示法既是设计者完成平法施工图的依据，也是施工、监理人员准确理解和实施平法施工图的依据。

10.道路平面图中常用图线表示有误的是（　　）。

A.设计路线应采用加粗粗实线表示，比较线应采用加粗粗虚线表示。

B.导线、边坡线、护坡道边缘线、边沟线、切线、引出线、原有通路边线等，应采用细实线表示。

C.用地界线、规划红线应采用中粗点画线表示。

D.道路中线应采用细点画线表示，路基边缘线应采用粗实线表示。

二、填空题

1.图样上的尺寸由_____、_____、_____和尺寸起止符号组成。

2.一点在两个投影面上的投影，在投影图上的连线一定________于该两投影面的交线。

3.相交形体的表面交线称为________。

4.轴线垂直于H面的圆柱，其正面投影是________。

5.用正垂面截切轴线垂直于H面的圆柱，其截交线是_______。

6.填写下列常用结构构件的代号名称：YKB____，Z______，GL_____。

7.钢筋保护层是指___________。

8.基础的埋置深度是指__________的高度尺寸。

9.管道平面图中，DN表示_____，d表示______。

10.装饰施工图是用于表达建筑装饰工程的__________、___________、__________、__________、_________的图样，它是在建筑设计的基础上进行的。

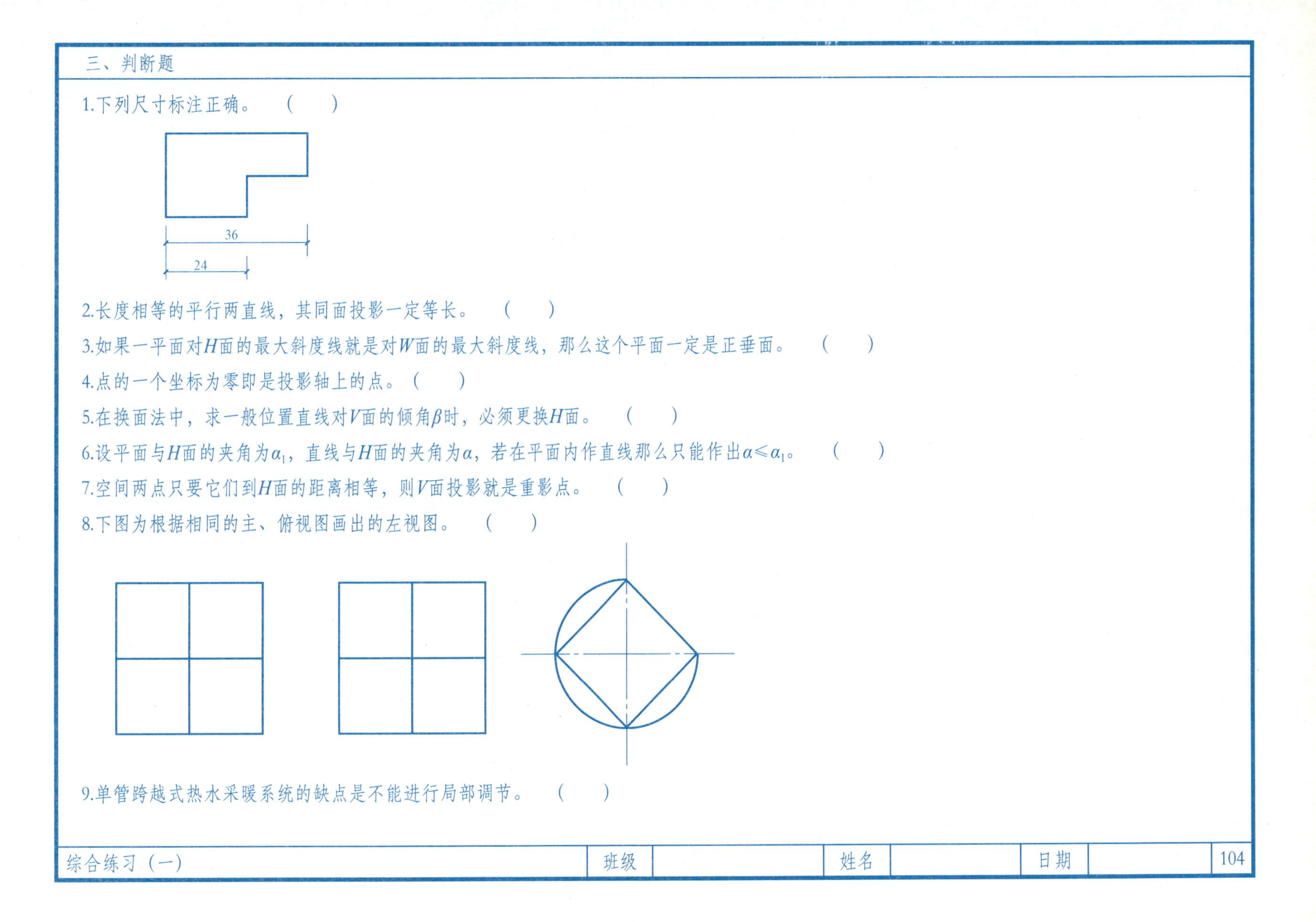

三、判断题

1.下列尺寸标注正确。（　　）

2.长度相等的平行两直线，其同面投影一定等长。（　　）

3.如果一平面对H面的最大斜度线就是对W面的最大斜度线，那么这个平面一定是正垂面。（　　）

4.点的一个坐标为零即是投影轴上的点。（　　）

5.在换面法中，求一般位置直线对V面的倾角β时，必须更换H面。（　　）

6.设平面与H面的夹角为α_1，直线与H面的夹角为α，若在平面内作直线那么只能作出$\alpha \leqslant \alpha_1$。（　　）

7.空间两点只要它们到H面的距离相等，则V面投影就是重影点。（　　）

8.下图为根据相同的主、俯视图画出的左视图。（　　）

9.单管跨越式热水采暖系统的缺点是不能进行局部调节。（　　）

四、作图题

1.作出下列各点的三面投影。

A（18，10，10）、*B*（18，10，15）

2.根据两个已知投影，画出第三个投影。

3.补全视图中所缺的线条。

（1）

（2）

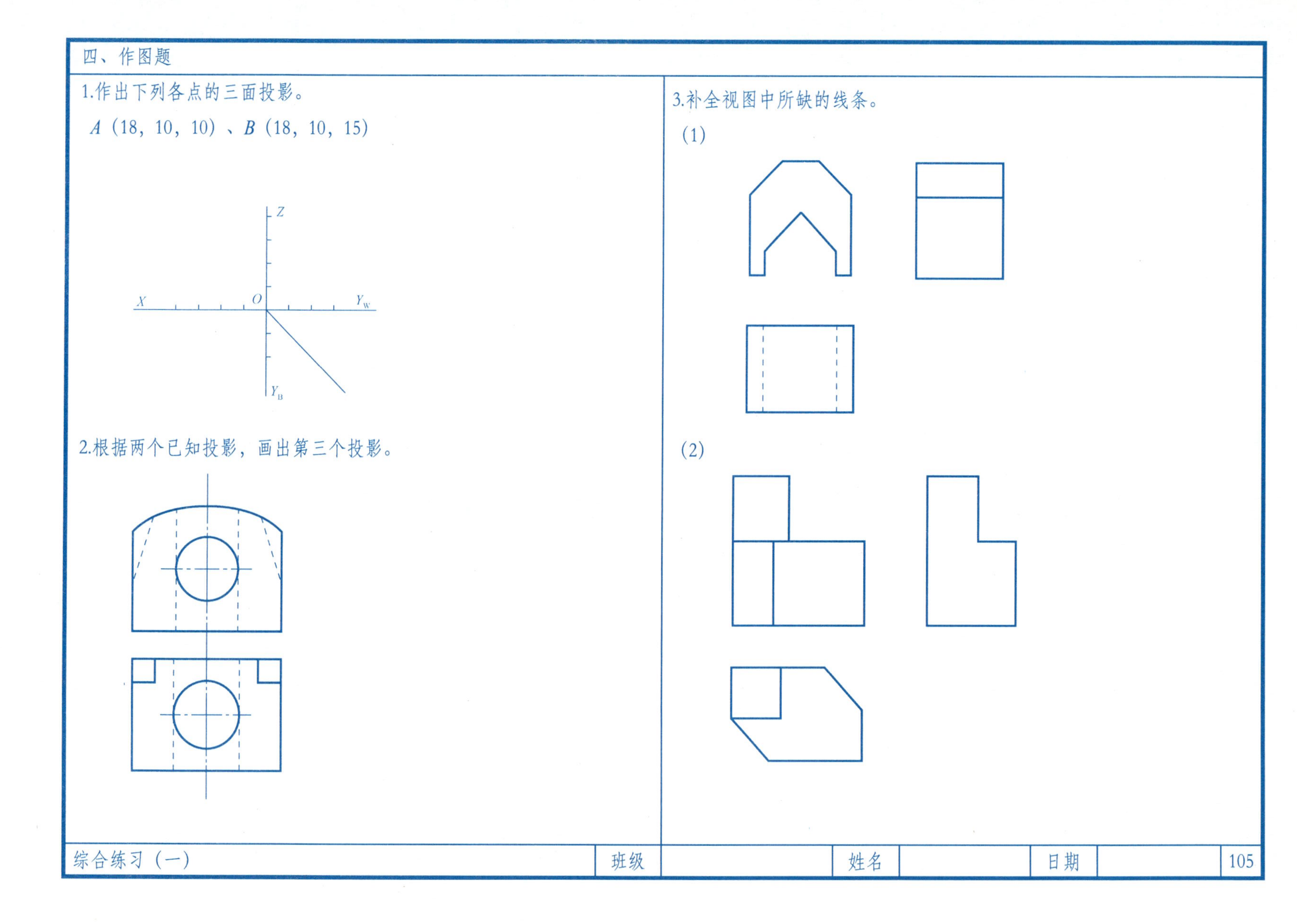

五、问答题

1.图幅和图框有什么区别？A3图纸图幅和图框的尺寸分别为多少？

2.投影面的平行面和垂直面有哪些投影特性？

3.如何判定两立体相贯线投影的可见性？

4.画组合体的投影图之前，应进行哪些基本分析？

5.钢筋在结构图中的表示方法有哪些？

六、读图题

阅读下图并填空。

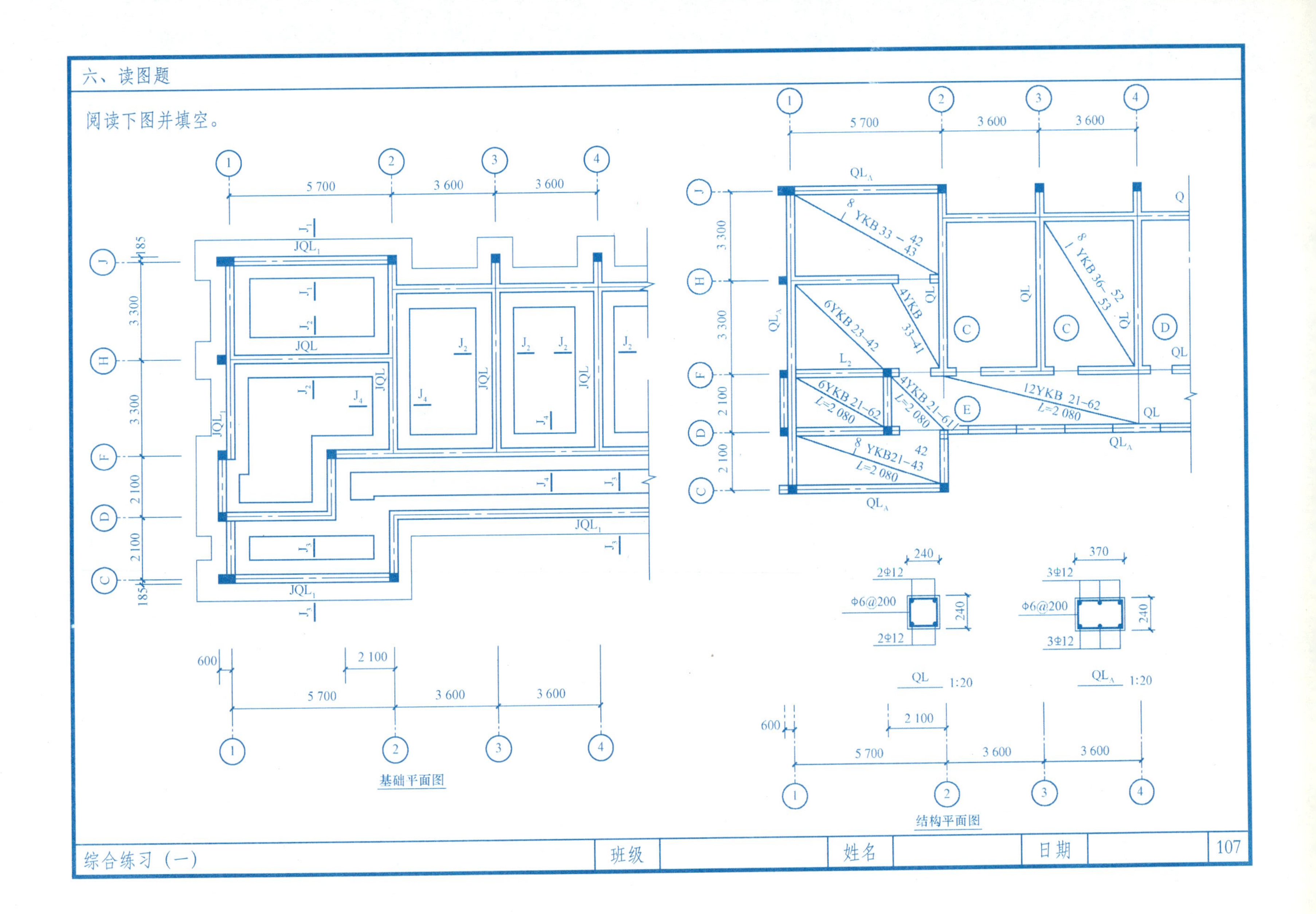

六、读图题

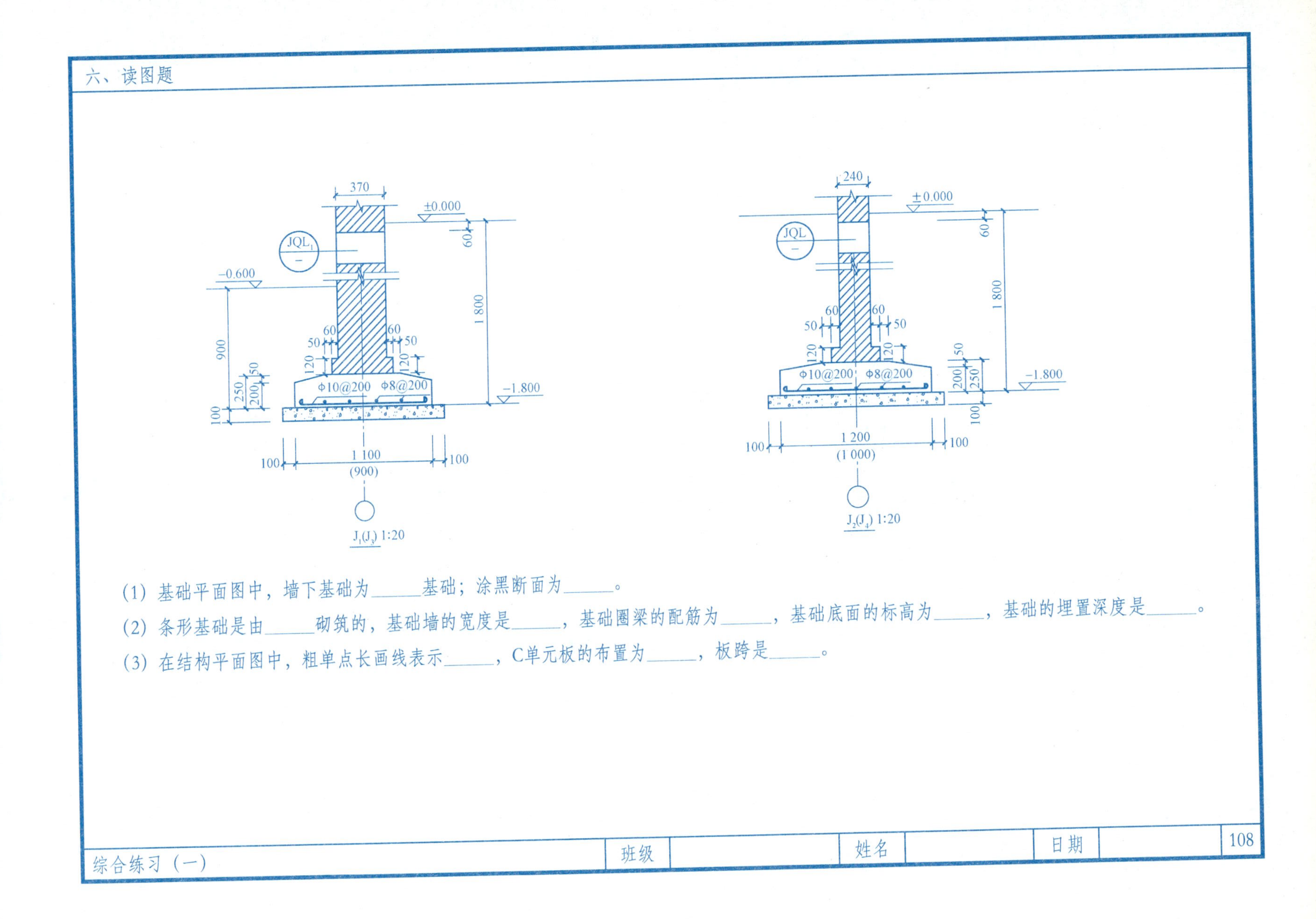

(1) 基础平面图中，墙下基础为______基础；涂黑断面为______。

(2) 条形基础是由______砌筑的，基础墙的宽度是______，基础圈梁的配筋为______，基础底面的标高为______，基础的埋置深度是______。

(3) 在结构平面图中，粗单点长画线表示______，C单元板的布置为______，板跨是______。

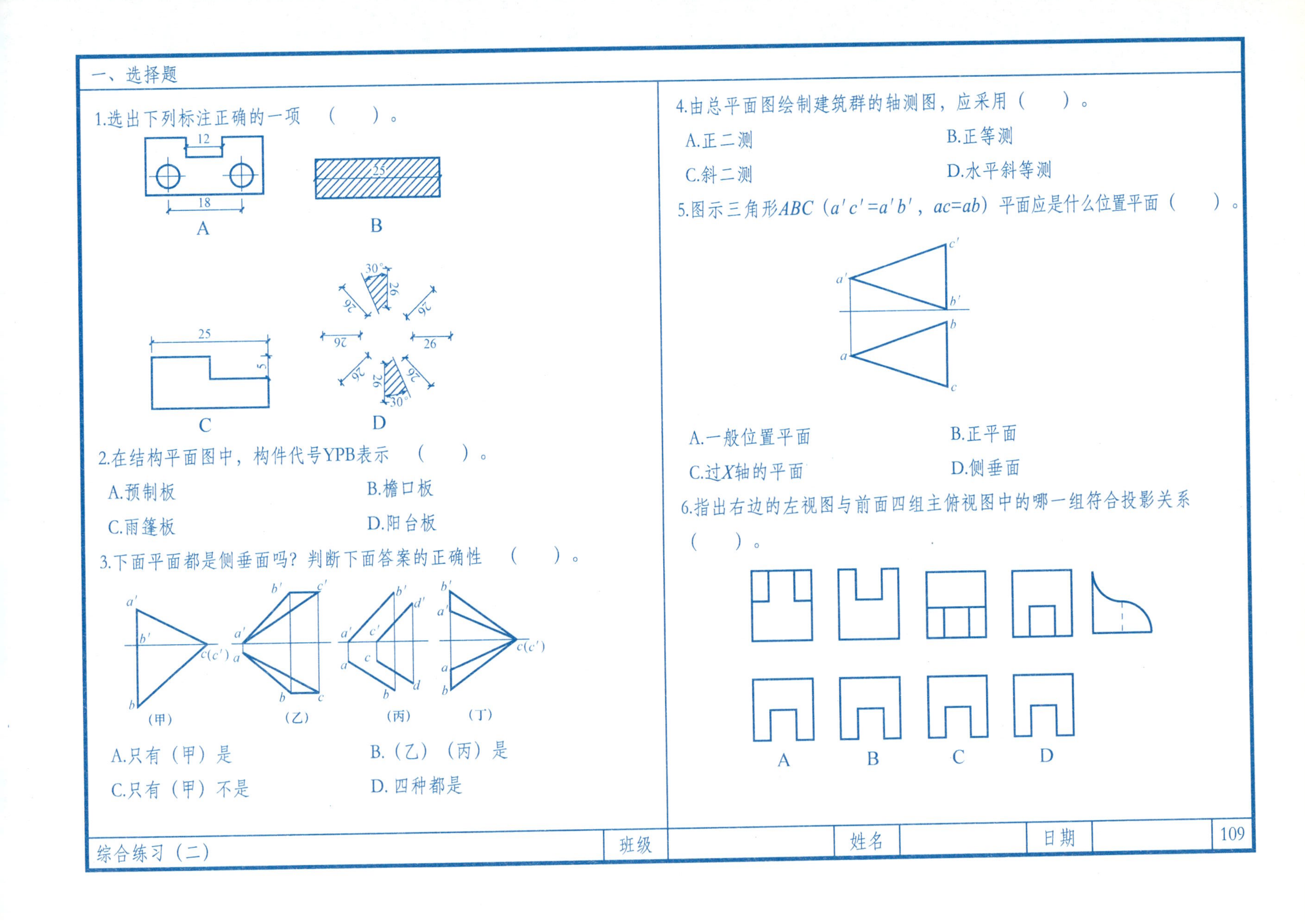

一、选择题

1.选出下列标注正确的一项 （ ）。

A B C D

2.在结构平面图中，构件代号YPB表示 （ ）。

A.预制板　　B.檐口板

C.雨篷板　　D.阳台板

3.下面平面都是侧垂面吗？判断下面答案的正确性 （ ）。

（甲）（乙）（丙）（丁）

A.只有（甲）是　　B.（乙）（丙）是

C.只有（甲）不是　　D.四种都是

4.由总平面图绘制建筑群的轴测图，应采用（ ）。

A.正二测　　B.正等测

C.斜二测　　D.水平斜等测

5.图示三角形ABC（$a'c'=a'b'$，$ac=ab$）平面应是什么位置平面（ ）。

A.一般位置平面　　B.正平面

C.过X轴的平面　　D.侧垂面

6.指出右边的左视图与前面四组主俯视图中的哪一组符合投影关系（ ）。

A B C D

一、选择题

7.根据物体的主、俯两视图，选择正确的左视图 （ ）。

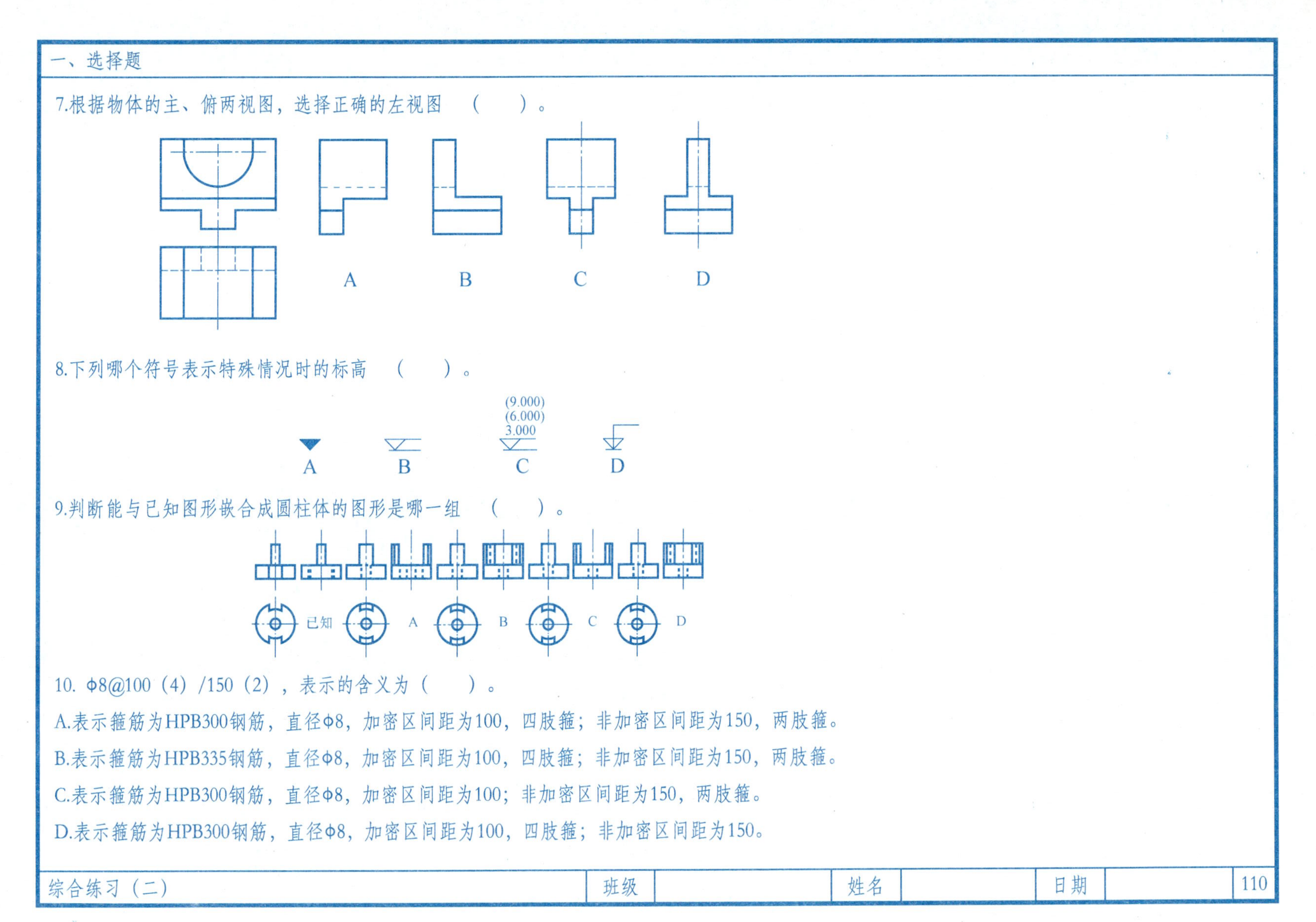

8.下列哪个符号表示特殊情况时的标高 （ ）。

9.判断能与已知图形嵌合成圆柱体的图形是哪一组 （ ）。

10. Φ8@100（4）/150（2），表示的含义为（ ）。

A.表示箍筋为HPB300钢筋，直径Φ8，加密区间距为100，四肢箍；非加密区间距为150，两肢箍。

B.表示箍筋为HPB335钢筋，直径Φ8，加密区间距为100，四肢箍；非加密区间距为150，两肢箍。

C.表示箍筋为HPB300钢筋，直径Φ8，加密区间距为100；非加密区间距为150，两肢箍。

D.表示箍筋为HPB300钢筋，直径Φ8，加密区间距为100，四肢箍；非加密区间距为150。

二、填空题

1.在工程图纸中所标注的尺寸应为物体的______尺寸。

2.建筑平面图中，横向定位轴线的编号应用______从______至____依次编写，竖向定位轴线的编号应用_____从_____ 至____顺序编写。

3.基础施工图包括______和______。

4.任何两形体相交，其相贯线都具有以下两个基本特征______和______。

5.组合体尺寸分为三类_____，_____，_____。

6.指出圆圈中符号代表的含义，“5”_____，“-”_____。

5
-

7.钢筋混凝土柱下一般采用_____基础。

8.如图为同一机件的两种表达方案，_____方案更好。

D D D—D
甲 乙

9.楼层建筑平面图，实际上是经过门窗洞口的水平_____图。

10.路线横断面中,用于施工放样及土方计算的横断面图应在图样___标注桩号。图样___应标注填高、挖深、填方、挖方的面积，并采用___画线示出片地界线。

三、判断题

1.水平面与一般位置平面相交，交线为水平线。（ ）

2.空间任意两直线不平行必定相交。（ ）

3.换面法和旋转法的共同点是使空间几何元素对投影面处于特殊位置以有利于解题。（ ）

4.两正交直线，其中有一边垂直于某投影面，则在该投影面上的投影积聚成一直线。（ ）

5.平面体与曲面体的相贯线，可归结为求曲面体的截交线和直线与曲面体的贯穿点。（ ）

6.正等轴测图三个轴间角都相等，并且等于120°。（ ）

7.一个尺寸一般只标注一次，但在房屋建筑图中，允许重复。（ ）

8.半剖面相当于剖去形体的1/4，将剩余的3/4做剖面。（ ）

9.室内正常环境下，钢筋混凝土梁（C25）的保护层厚度为25 cm。（ ）

10.在通风平面图中，风管一般采用单线画法。（ ）

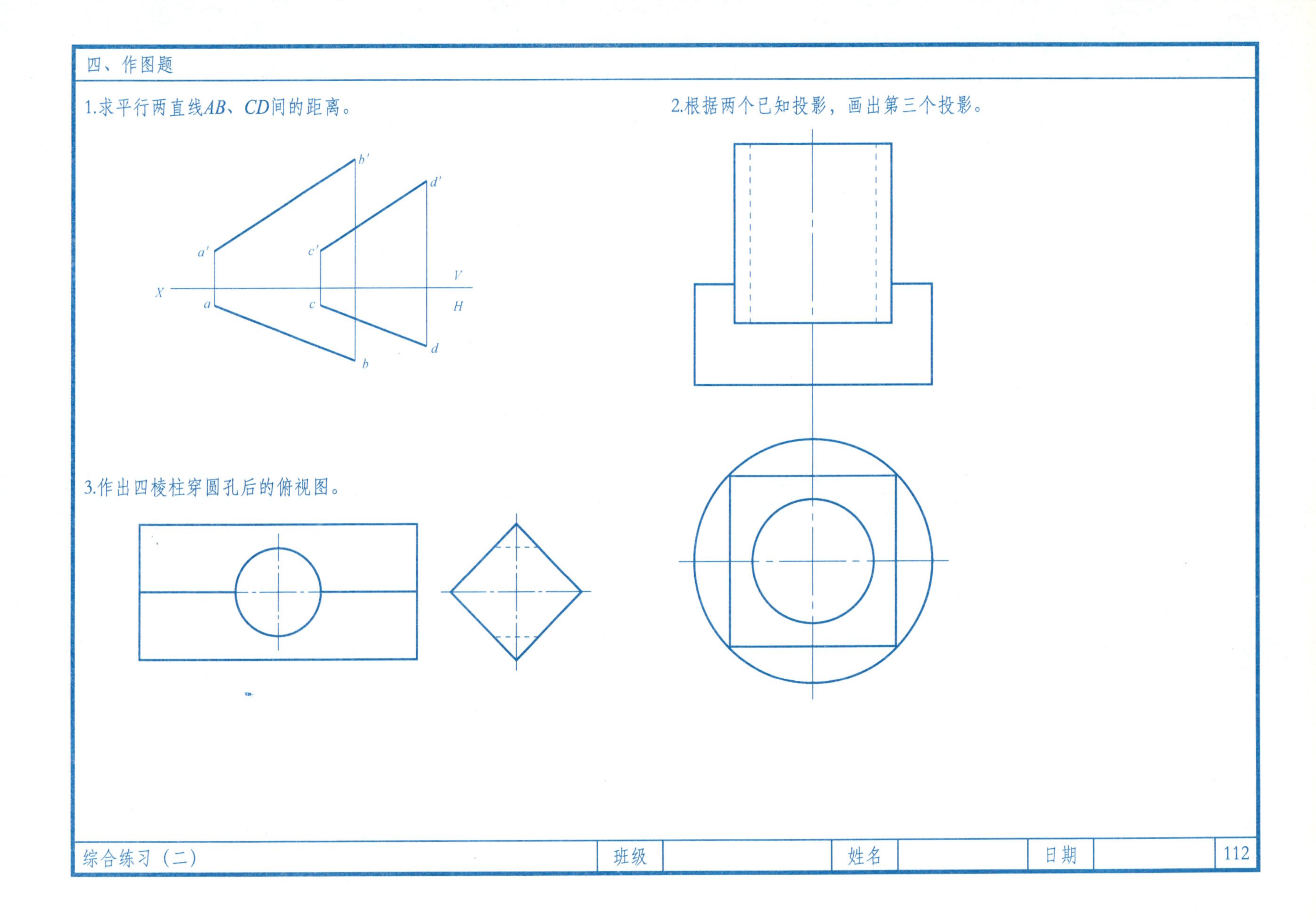
四、作图题
1.求平行两直线AB、CD间的距离。
a'
b'
c'
d'
X
V
H
a
b
c
d
2.根据两个已知投影，画出第三个投影。
3.作出四棱柱穿圆孔后的俯视图。
综合练习（二）
班级
姓名
日期
112

四、作图题

4.已知圆锥切割体的V面投影，求其H面投影及W面投影。

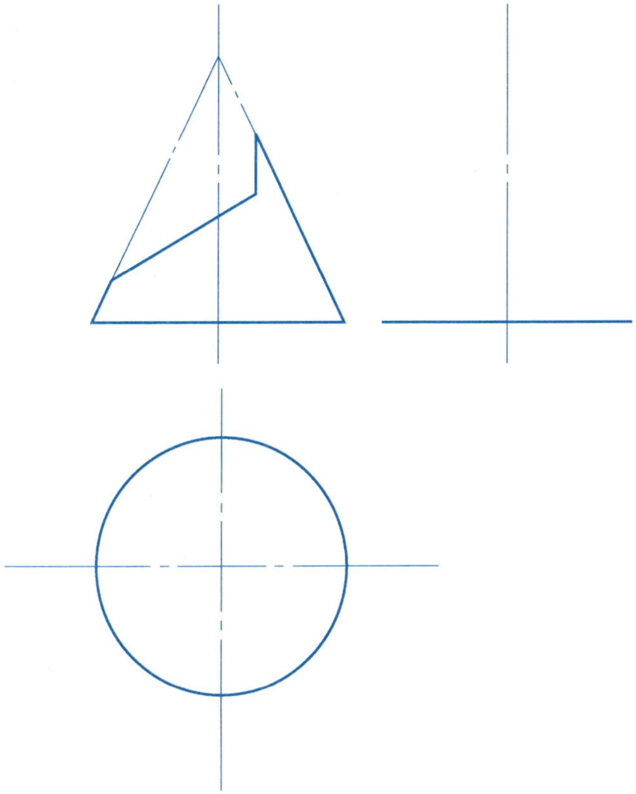

5.完成立体的投影。

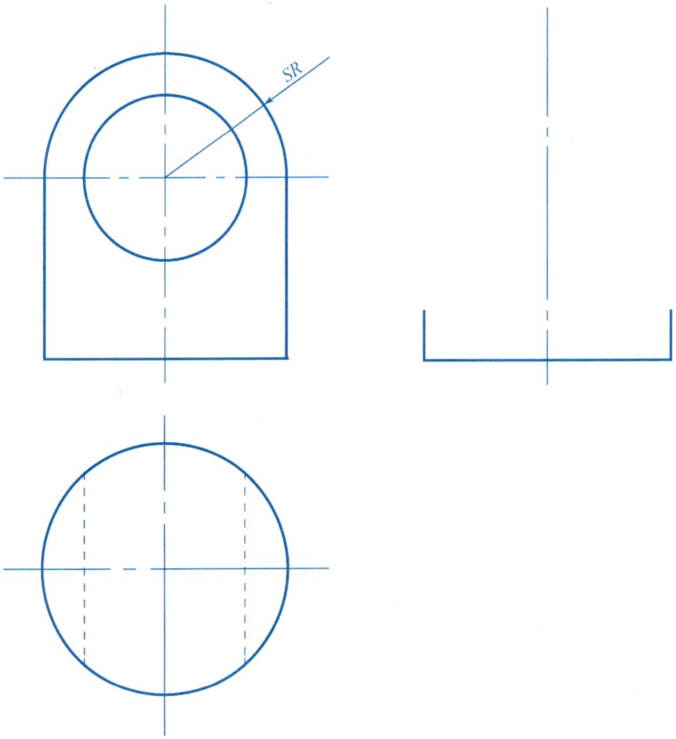

SR

五、问答题

1.中心投影与平行投影的主要区别是什么?

2.曲面立体表面上的线段，其某一投影反映为直线段的含义是什么?

3.试述断面图与剖面图的区别。

4.平面图中轴线编号的原则是什么?

5.钢筋布置图主要包括哪些内容?

六、读图题

阅读肋板式桥台构造图，并回答下列问题。

1.如图所示为桥梁的肋板式桥台构造图，1号桥台盖梁底部即肋板顶向的标高为___m，扩大基础底面的标高为___m，扩大基础顶面的标高为____m。

2.H_i为扩大基础顶面到盖板顶面的距离，1号桥台H_i的具体数值为_____cm。桥台盖梁的长度为_____cm，高度为_____cm。

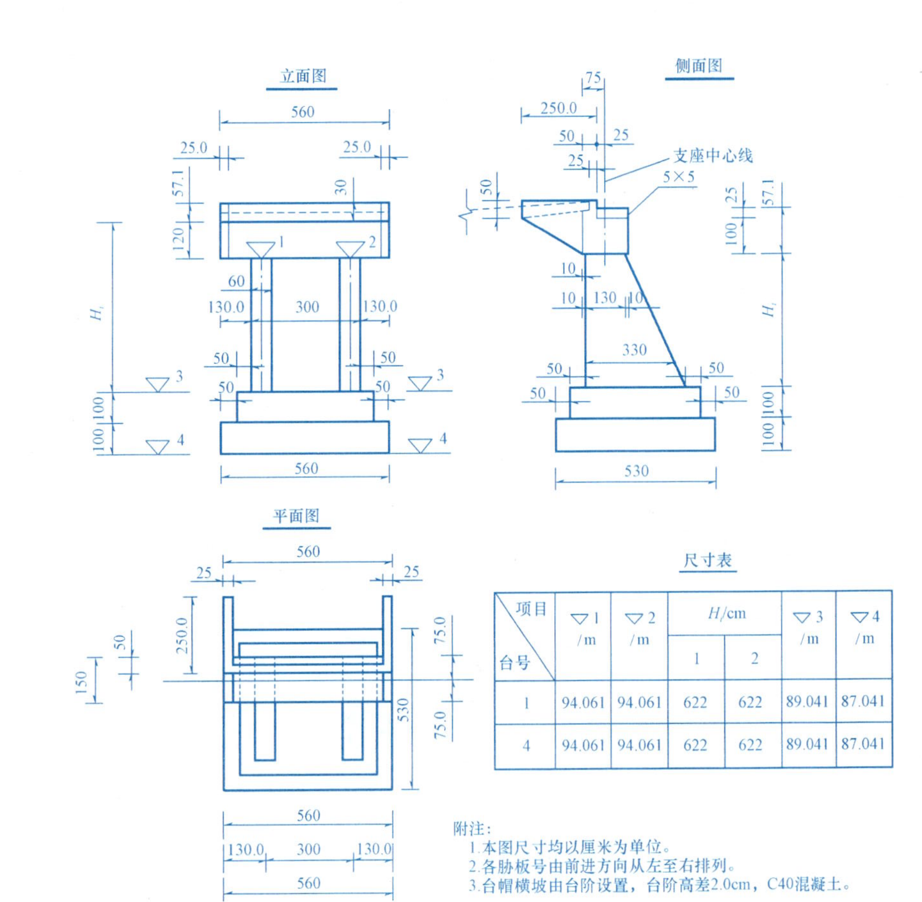

尺寸表

台号 \ 项目	▽1 /m	▽2 /m	H_i/cm 1	H_i/cm 2	▽3 /m	▽4 /m
1	94.061	94.061	622	622	89.041	87.041
4	94.061	94.061	622	622	89.041	87.041

附注：
1.本图尺寸均以厘米为单位。
2.各肋板号由前进方向从左至右排列。
3.台帽横坡由台阶设置，台阶高差2.0cm，C40混凝土。

参考文献

[1] 宋兆全. 土木工程制图习题集［M］.武汉：武汉大学出版社，2000.

[2] 朱福熙，何斌. 建筑制图［M］.北京：高等教育出版社，1992.

[3] 张英，郭树荣. 建筑工程制图习题集［M］.北京：中国建筑工业出版社，2004.

[4] 高远，张艳芳. 建筑构造与识图［M］.北京：中国建筑工业出版社，2008.

[5] 龚小兰. 建筑工程施工图读解［M］.北京：化学工业出版社，2003.

[6] 王文仲. 建筑识图与构造［M］.北京：高等教育出版社，2003.